フィードバック制御の基礎と応用

工学博士 背戸 一登
博士(工学) 渡辺 亨 共著

コロナ社

まえがき

　フィードバック制御に関する良書は多数出版されているが，その応用例はPID制御によるプロセス制御に関するものが大半で，周波数領域の設計法である位相進み・遅れ補償を用いた機械系の制御に関する具体的な応用例を扱ったものはあまり多くない．本書は，おなじみの光サーボ機構によるコンパクトディスク（CD），磁気浮上によるリニアガイド，変位振動計などに対するフィードバック制御の著者らが手掛けた応用例を紹介しながら，フィードバック制御の基礎知識の重要性を理解してもらうことを意図して書かれた．

　本書に先立つ1979年，著者（背戸一登）は恩師・故 富成襄先生，畏友・岡田養二先生との共著「サーボ設計論」（コロナ社）を世に問うた．当時はプロセス制御が全盛の時代で，同書でおもに扱っているサーボモータによる機械系の制御はメジャーではなかった．関連学会で著者が研究発表したときはその他のセッションに回された記憶がある．この書物は東京都立大学（当時）機械工学科の富成襄教授のもとでまとめた研究論文が基礎になっている．富成研究室の特徴は自前の実験装置を用いて研究することであった．したがって，サーボ系のフィードバック制御に不可欠な直流増幅器も自前であった．1968年当時は真空管が現役の時代であったので，それを用いた直流増幅器の増幅率は頑張っても10^3倍程度であった．それをトランジスタに置き換えて製作したときは大苦戦した記憶がある．ところが，月面に人を送り込むアポロ計画実現のために米国で開発され，その後に出回り始めた演算増幅器（operational amplifier, OPアンプ，オペアンプ）は増幅率が10^6を超えて，しかも安価であった．この増幅率の意味については3章で触れている．演算増幅器を基本要素にすれば加減算器も積分器も微分器，そして位相進み・遅れ補償器も容易に実現できる．その後に誕生したディジタルICは，そのとき開発された技術が基になっていることを考えれば，画期的な出来事であった．そこで，本書は「サーボ設計論」を基礎にしながら，渡辺亨先生との共同作業により，その後のフィードバック制御に関する新しい応用事例を取り込んで，要点をコンパクトにまとめた書籍にした．

　著者は，今日のメカトロニクスの誕生はこの演算増幅器の貢献が大であると

思っている．それまではトランジスタの活用は電子工学の専売分野であったが，安価な演算増幅器の普及によって機械技術者が容易に機械系に電気系を組み込めるようになったのである．メカトロニクスは機械工学の (mechanics) と電子工学の (electronics) を合成した mechatronics の和製英語であるが，今日では世界的に通用する工学用語となっている．

著者が防衛大学校に着任した 1971 年に最初に手掛けたのが，電気油圧サーボを用いた工作機械テーブルの高速位置決め制御であるが，この制御装置もすべて自前で，市販の演算増幅器がおおいに役立った．この概要については 9 章で述べられている．その後，多関節ロボットアーム，四足歩行ロボットへと発展していくのであるが，これらも制御ボードに演算増幅器が組み込まれている．今日，光サーボ機構は CD，DVD，Blu-ray などのデータ読取り機構の心臓部になっているが，これらも超小型化に演算増幅器は欠かせない．長周期・大地震による建物の揺れを観測し，制御することは今日の課題である．それに用いる変位振動計の実現もフィードバック制御によって実現できそうである．

これらの応用例はすべて古典的なフィードバック制御に基づくものである．1980 年代から現代制御による振動制御に着手し，研究成果を「パソコンで解く振動の制御」（丸善），「構造物の振動制御」（コロナ社），「Active Control of Structures」(John Wiley & Sons) などの著書にまとめて公表したが，古典制御の良さはコンピュータがなくとも仕事ができることである．その良い例は 9 章の末尾にまとめた「磁気浮上リニアガイドによる無重力落下カプセルの制御」である．手元には FFT アナライザーしかない北海道上砂川にある炭坑跡の現場で落下カプセルの周波数応答特性を計測し，それを基に位相進み補償器を設計製作し，無事に落下目的を達成したことは無上の喜びであった．

最後に，絶対変位振動計開発にオイレス工業株式会社と日本大学理工学部機械工学科・渡辺研究室との共同研究が有益であった．関係諸氏に感謝する．機械系のフィードバック制御の面白さを伝授いただいた恩師・故 富成襄先生，富成先生を介して懇意にしていただいた故 中田孝先生，故 高橋安人先生には本書を批評いただけないのが残念である．この書物の発刊に至るまで御支援・御協力いただいたコロナ社の皆様に感謝します．

2013 年 9 月

背戸　一登

目　　次

1.　序　　論

1.1　フィードバック制御とは……………………………………………………1
1.2　フィードバック制御の歴史…………………………………………………2
1.3　フィードバック制御の分類…………………………………………………5
1.4　PID制御と位相進み・遅れ補償による制御………………………………6
1.5　フィードバック制御の利点と課題…………………………………………7
章末問題……………………………………………………………………………8

2.　フィードバック制御系の構成例と要求される性能

2.1　電気・機械サーボ機構………………………………………………………9
2.2　電磁アクチュエータ…………………………………………………………10
2.3　ロボットアームの角度制御機構……………………………………………11
2.4　光サーボ機構…………………………………………………………………12
2.5　フィードバック制御に要求される性能……………………………………14
章末問題……………………………………………………………………………16

3.　システムの記述

3.1　ラプラス変換…………………………………………………………………17
　3.1.1　ラプラス変換の公式……………………………………………………18
　3.1.2　部分分数展開……………………………………………………………21
3.2　伝達関数表示…………………………………………………………………23
3.3　ブロック線図…………………………………………………………………26

3.4 直接解を得る方法，メイソンの公式 …………………………………… 30
3.5 応　用　例 ……………………………………………………………… 34
　　3.5.1 加　減　算　器 ……………………………………………………… 34
　　3.5.2 DCモータのブロック線図表示 ……………………………………… 35
　　3.5.3 サーボモータによる角度制御表示 …………………………………… 37
　　3.5.4 サーボモータによる位置制御表示 …………………………………… 40
　　3.5.5 磁気軸受のブロック線図による表示 ………………………………… 41
章末問題 ………………………………………………………………………… 44

4. 伝達関数とその応答

4.1 伝達関数の周波数応答 …………………………………………………… 47
4.2 ボ ー ド 線 図 …………………………………………………………… 50
4.3 伝達関数のインパルス応答 ……………………………………………… 54
4.4 伝達関数のステップ応答 ………………………………………………… 57
4.5 定 常 誤 差 定 数 ………………………………………………………… 63
4.6 定常誤差に見るプロセス系とサーボ系の相違 ………………………… 67
　　4.6.1 プロセス系と定常誤差 ………………………………………………… 67
　　4.6.2 サーボ系と定常誤差 …………………………………………………… 69
章末問題 ………………………………………………………………………… 70

5. 安　定　判　別

5.1 フィードバック制御系の安定性 ………………………………………… 71
5.2 ラウス・フルビッツの安定判別法 ……………………………………… 73
5.3 ナイキストの安定判別法 ………………………………………………… 76
5.4 ナイキストの簡易安定判別法 …………………………………………… 80
　　5.4.1 簡易安定判別法とは …………………………………………………… 80
　　5.4.2 ゲイン余裕と位相余裕 ………………………………………………… 81
5.5 ボード線図による安定判別 ……………………………………………… 82
5.6 応　用　例 ……………………………………………………………… 85

章末問題 …………………………………………………………………… 87

6. 根 軌 跡 法

6.1 根軌跡法の概略 ………………………………………………………… 88
6.2 根軌跡の描き方 ………………………………………………………… 90
6.3 多項式の根を求める計算プログラムによる根軌跡の求め方 ……… 95
章末問題 …………………………………………………………………… 99

7. 制御系の周波数応答と要求される設計仕様

7.1 開ループと閉ループの周波数特性，ニコルス線図 ………………… 100
7.2 2次系の周波数応答 …………………………………………………… 104
7.3 フィードバック制御系に要求される設計仕様，性能評価法 ……… 106
7.4 特性設計における性能評価 …………………………………………… 107
7.5 s 平面上の根配置による性能仕様 …………………………………… 114
7.6 定常特性とループゲイン ……………………………………………… 116
7.7 特性設計の要点 ………………………………………………………… 117
7.8 特性設計における制御系補償法 ……………………………………… 118
  7.8.1 PID 制御法 ……………………………………………………… 119
  7.8.2 位相進み・遅れ補償による制御系設計法 …………………… 120
  7.8.3 PID 制御法と位相進み・遅れ補償による制御法の対応関係 … 121
  7.8.4 位相進み・遅れ補償器とその周波数応答特性 ……………… 122
7.9 評価関数 ………………………………………………………………… 123
章末問題 …………………………………………………………………… 124

8. フィードバック制御系の特性設計

8.1 特性設計の手順 ………………………………………………………… 125
8.2 ゲイン調整 ……………………………………………………………… 126
8.3 直列補償によるシステム設計 ………………………………………… 130

8.3.1 直列補償要素 ………………………………………………………… 130
8.3.2 位相進み補償による設計 ………………………………………… 136
8.3.3 位相遅れ補償による設計 ………………………………………… 146
8.3.4 位相進み・遅れ補償による設計 ………………………………… 156
章末問題 ……………………………………………………………………… 159

9. フィードバック制御の応用例

9.1 光サーボ機構の制御への応用 ………………………………………… 160
  9.1.1 光サーボアクチュエータの構造 ………………………………… 160
  9.1.2 フォーカシングサーボとトラッキングサーボについて ……… 161
  9.1.3 フォーカシング誤差，トラッキング誤差の検出方法 ………… 162
  9.1.4 周波数応答特性 …………………………………………………… 163
9.2 長周期・大振幅振動測定用変位振動計の開発への応用 …………… 165
  9.2.1 絶対変位振動計の構造 …………………………………………… 165
  9.2.2 周波数伝達関数 …………………………………………………… 166
  9.2.3 各フィードバックゲインの効果 ………………………………… 167
  9.2.4 実測により得られた周波数応答特性と期待される効果 ……… 168
9.3 工作機械のテーブル位置決め装置 …………………………………… 169
9.4 無重力落下カプセルの磁気浮上リニアガイドへの応用 …………… 170
  9.4.1 無重力落下実験施設 ……………………………………………… 170
  9.4.2 磁気浮上リニアガイドの構造 …………………………………… 172
  9.4.3 磁気浮上リニアガイドのフィードバック制御 ………………… 172
  9.4.4 考　　　察 ………………………………………………………… 175

付　　　録 …………………………………………………………………… 176
引用・参考文献 ……………………………………………………………… 179
索　　　引 …………………………………………………………………… 181

1 序　論

　制御理論は，生み出された順に便宜上，古典制御，現代制御，ポスト現代制御に分類されている．本章では，まずフィードバック制御への導入として，それら3世代の制御理論の特徴を紹介するが，周波数領域で扱う古典制御が実用的であり，今日でも広く使われている．そのため，本書では古典制御に基盤を置いており，運動にかかわる物理量の制御の質の向上を対象とするサーボ機構に関するフィードバック制御をおもに扱うことにして，次章以降の概要を紹介する．

1.1　フィードバック制御とは

　フィードバック制御とは，**出力信号**を検出して前へ戻し，**入力信号**との差から**誤差信号**を作り，その誤差をなくすように制御系を動作させることをいう．制御系の多くはフィードバック制御を使用している．そのおもな理由は，制御系に要求されるパワー増幅と高い精度という二つの相反する性質を実現させることにある．フィードバック制御を使うならば，前向きの制御要素ではそれほど精度は良くとも，パワー増幅を行って，フィードバック要素に高い検出精度を持ったものを使用し，全体として高精度でエネルギーレベルを増加する制御系を構成できる．

　図1.1に，代表的なフィードバック制御系を**ブロック線図**で表した構成例を示す．希望する入力信号に対して，その制御対象から出力される信号を**フィードバック要素**に帰還させ，そこでフィードバック信号を作り，両信号の差を誤差信号として**制御器**に入力し，制御信号を作る．その制御信号は駆動部によっ

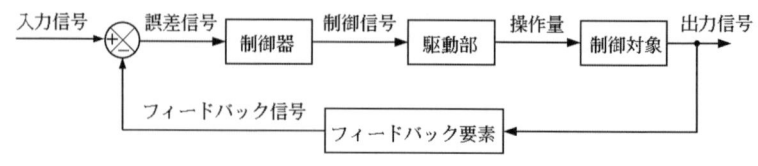

図 1.1 フィードバック制御系の基本構成

て操作量に変換され，**制御対象**が操作される。誤差信号から出力信号までに含まれる要素を**前向き要素**と呼び，出力信号から**フィードバック信号**までの帰還要素がフィードバック要素である。この循環ループがフィードバック制御の特徴である。このループがうまく機能すれば，誤差がなく速やかに希望通りの出力信号が得られる。制御器は**コントローラ**とも呼ばれ，希望する制御結果を得るための最重要設計要素である。駆動部は**アクチュエータ**とも呼ばれ，希望するパワーの発生源である。この制御器と駆動部を合わせたものを**制御要素**と呼ぶが，駆動部が制御対象に組み込まれる場合もある。フィードバック要素は，入力信号と出力信号が同一物理量として比較できるようにするための**信号変換器**である。

フィードバック制御系の最大の欠点は，フィードバックループによる不安定の問題である。フィードバックは必然的に閉ループを作り，このループ内の信号の流れによって系全体が激しい振動を起こしたり，制御系を不安定にすることがある。したがって，フィードバック制御系の最も大切なことは，要求される性能を満足させ，かつ安定に動作する制御系を作ることである。

1.2　フィードバック制御の歴史

18世紀の中頃にジェームス・ワットが蒸気機関の速度調整のために考案した調速機により，希望する原動機の出力が得られるようになり，第1次産業革命の基礎が築かれたといわれている。自動制御の歴史は，この調速機に始まるともいわれている。今日でも**遠心調速機**（centrifugal governor）として改良されて発電所の原動機や，プロペラ式航空機，大型ディーゼルエンジンなどに使

われている。その原理を蒸気タービンの調速に例をとって図1.2に示す。

いま，蒸気タービンの回転速度 φ が目標値から増加した場合を考えよう。そのとき，タービン軸から歯車を介して調速機軸に伝達された回転速度 ω [rad/s] も増加するので，質量 m_g の遠心振り子の遠心力

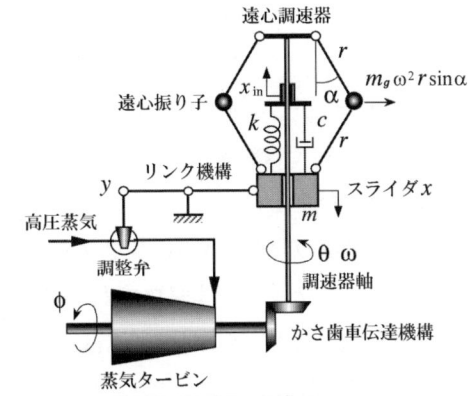

図1.2 遠心調速機による蒸気タービンの調速

$m_g ω^2 r \sin α$ も増加して質量 m のスライダを引き上げる。その結果，スライダとリンク機構で結ばれた調節弁が押し下げられ，供給する蒸気量が減じられるので蒸気タービンの速度の増加が抑えられるのである。このリンク機構が誤差の検出と増幅の役割を果たし，フィードバック制御が実現されている。ワットの遠心調速機は比例制御であり，負荷変化によりオフセット（目標値とのずれ）が生じる。その後，この欠点を除くため積分型の調速機が考案されたが，今度は**ハンティング**と呼ばれる回転速度の周期的に大きく変動する不安定が問題になってきた。19 世紀には制御系に生じるオフセットと安定性の問題の解決が重要課題になった。この問題は 19 世紀末になって，ラウス（Routh）やフルビッツ（Hurwitz）によって高次系の安定問題に対する解答として示され，今日ではラウス・フルビッツの安定判別法として知られている。

20 世紀に入り，自動制御はプロセス工業や船舶のオートパイロットを中心に急速に発達した。その頃の理論的研究としては，ナイキスト（Nyquist）によるフィードバック制御系の安定性を周波数応答特性に基づいて判別する図式解法の考案，さらにボード（Bode）によってナイキストの方法を基礎にしてフィードバック制御系設計を体系化したことが特筆される。その後，ジーグラー（Ziegler）とニコルス（Nichols）によって PID 調節計のパラメータを調節する実用的方法が提案された。現在でも，PID 制御はプロセス制御の基幹的制

御技術の一つになっている。

　ニコルスのもう一つの功績は，ニコルス線図の考案によって，開ループ系の特性を閉ループ系に置換する図的解法の考案である。1948年にエバンス（Evans）によって根軌跡法が発表され，フィードバック制御の古典的設計法がほぼ完成した。

　古典的設計法の数学的基礎はラプラス変換である。一つの入力，一つの出力に着目してシステムを伝達関数で表し制御系を設計する。1960年代に入って新しい波が起こった。カルマン（Kalman）の提唱する状態空間法である。システムを微分方程式を基礎にする状態方程式で表し，ある評価関数を最小にする最適制御理論の誕生である。この理論では多入力・多出力が扱えるので，線形代数を基礎とする**現代制御理論**と呼ばれるようになった。しかし，この理論は，システムを厳密な微分方程式や状態方程式で記述された数学モデルがなければ実用できない。

　その問題を緩和する手法として，制御対象に含まれるモデル誤差を考慮し得る制御理論の枠組み，いわゆるポスト現代制御の考え方が1980年にゼイムス（Zames）によって提案された。これを踏まえてドイル（Doyle）らにより整備されたH^∞制御理論は，ロバスト制御を可能とする制御理論として，1980年代後半に急速に一般化した。現在は古典制御と現代制御，その上にロバスト制御が代表するポスト現代制御が並立使用されている状況にある。**表1.1**には古典制御の特徴をつかむために3世代の制御理論を比較してみた。

　しかし，古典制御の良さは，厳密もしくは準厳密な制御対象の数学モデルがなくとも，計測や実験的に求めた伝達関数があれば制御系が設計できることである。そこで，本書では古典制御に重きを置き，フィードバック制御理論とそれによるシステム設計事例を述べることにする。古典制御理論は現在でも実用の中心にあるが，その活用事例は最終章で紹介する。

表1.1 3世代の制御理論の比較

	古典制御	現代制御	ポスト現代制御
設計領域	周波数領域	時間領域	周波数領域と時間領域
入出力の数	1入力1出力	多入力多出力	多入力多出力
記述と表現法	伝達関数と周波数特性	状態方程式と時間応答	状態方程式と伝達関数
設計ツール	ナイキスト線図，ボード線図，ニコルス線図，根軌跡図など	線形代数学，極配置理論，最適レギュレータ理論（LQ理論）	線形代数学とロバスト制御理論
補償方法	おもに直列補償法	状態フィードバック法	出力フィードバック法
設計仕様	特性設計（定常誤差，安定性，速応性）	最適設計（2次形式評価関数）	ロバスト設計
設計上の特徴	制御対象のおおまかな周波数特性がわかれば設計が可能	厳密な制御対象の数学モデルが必要	制御対象の数学モデルが必要であるが，不確定性を念頭に置いた設計可能

1.3 フィードバック制御の分類

フィードバック制御系は，制御量の種類によってつぎのように大別される。

〔1〕 **実施面での分類**

（a）**サーボ機構** サーボ機構で対象とする制御量は，物体の位置，速度，加速度，角度，角速度，物体に作用する力，トルクなどの物理量である。サーボ機構の例では，ロボットの制御，機構の制御，工作機械の制御，乗り物の運動制御，構造物の振動制御，各種情報機器の制御などが挙げられる。おもに，運動にかかわる物理量の制御の質の向上が対象になる。

（b）**プロセス制御** プロセス制御では温度，圧力，流量，液位，pHなどの工業化学分野における製品の品質を左右する変数がおもな対象となる。質の良い製品を得ることが制御目的であるから，温度変化や圧力変動などの外乱に対する制御が重視される。プロセス制御の例としては化学工業，食品工業，製鉄などがある。

〔2〕 **目標値による分類**

（a）**定値制御** 目標値が一定の制御であり，室温や液位制御のような，

おもにプロセス制御にかかわる制御。

（b） **追従制御**（**追値制御**）　目標値が任意に変化する制御であり，工作機械のならい制御のような，おもにサーボ機構に関する制御。

（c）　**プログラム制御**　目標値があらかじめ定められて変化をする制御。

このようにフィードバック制御系は大別されるが，**本書では，おもに運動にかかわる物理量の制御の質の向上を対象とするサーボ機構に関するフィードバック制御を扱う**。

1.4　PID 制御と位相進み・遅れ補償による制御

プロセス制御では，古くから **PID 制御**が制御系設計法に用いられてきた。一方，サーボ機構の制御系設計法には**位相進み・遅れ補償による制御**がおもに用いられている。その類似性と相違について言及しておく。

まず PID 制御は，**比例制御**あるいは **P 動作**（P は proportional の略），**積分制御**あるいは **I 動作**（I は integral の略），**微分制御**あるいは **D 動作**（D は derivative の略）の基本的な三つの動作からなる制御である。比例制御だけでは構造的に**オフセット**と呼ばれる出力信号（出力値）と入力信号（目標値）との**残留偏差**と呼ばれる誤差が残ってしまうので，それをなくすために積分制御が加えられる。しかしそれだけでは，急速に変化する目標値に対して即応することができないので，素早い変化に応じられる微分動作が加えられる。PID 制御は，これら比例ゲイン，積分ゲイン，微分ゲインを組み合わせた3ゲインを適切に調整する制御方式である。この3ゲインの設定による調整法には，ジーグラーとニコルスによる限界感度法やステップ応答法がとられており，時間領域の設計法である。

一方，位相進み・遅れ補償法は周波数応答法を採用しており，周波数領域の設計法である。周波数帯域を低周波数帯と高周波数帯に分けて，低周波数帯では位相遅れ補償による積分ゲインの設計，高周波数帯では位相進み補償による微分ゲインの設計を行う方法をとっている。比例ゲインは定常誤差の設計に用

いられる。

このように，PID 制御はステップ応答を基本にして 3 ゲインを適宜配分する一種の調整法である。それに対して，位相進み・遅れ補償法では後述するボード線図や根軌跡，ニコルス線図などの周波数領域の設計ツールを駆使した制御系設計を行う。そのような理由で，本書では制御系設計に位相進み・遅れ補償法を採用している。PID 制御と位相進み・遅れ補償法の数学的な対応関係については 7 章で述べる。

1.5　フィードバック制御の利点と課題

フィードバック制御が使用されるおもな理由は，制御系に要求されるパワー増幅と高い精度という二つの相反する性質を実現させることにある。そのわかりやすい事例を工作機械の位置制御によって説明する。**図 1.3** は工作機械のテーブル位置制御装置の構成例[27]† を示す。サーボモータの回転運動を歯車対とボールねじ駆動機構を介して直線運動に変えてテーブルを移動させる。これらを**前向きの制御要素**と呼ぶが，これらの精度はそれほど良くなくともパワー増幅を行い，フィードバック要素に高い検出精度を持ったものを使用し，全体として高精度でエネルギーレベルを増加する制御系を構成できる。例えば，フィードバック要素のテーブル変位検出器に $0.1\,\mu\mathrm{m}$ の検出精度を持つマグネスケールを使用すれば，その精度はその変位検出器の検出精度に依存し，高い精

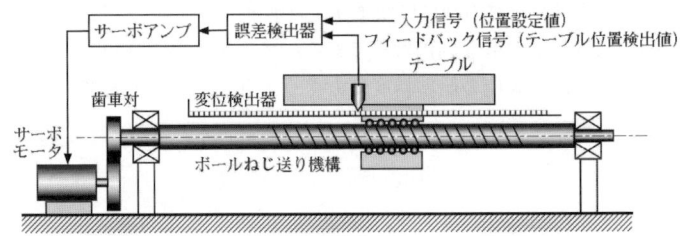

図 1.3　工作機械のテーブル位置制御装置の構成例

---

† 肩付数字は，巻末の引用・参考文献番号を表す。

度のテーブルの位置決め制御が可能になる。

　サーボ機構には要求されるパワー増幅と高い精度という二つの相反する性質が求められるが，単一のものでエネルギーを増大してかつ精度の良いものはそう数多くあるものではない。フィードバック制御を使用すれば，前向きの制御要素はそれほど精度は良くなくとも，パワー増幅を行って，フィードバック要素に高い検出精度を持ったものを使用し，全体として高精度でエネルギーレベルを増加する制御系を構成できる。

　しかし，前述したようにフィードバック制御系の最大の欠点は，フィードバックループによる不安定の問題である。たとえ不安定でなくとも，安定性が不足して応答が振動的になることがある。この問題解決のためにフィードバック制御系設計法があるといってもよい。

[章末問題]

1.1　本書ではフィードバック制御に限定しているが，ほかの制御手法としてフィードフォワード制御がある。両者の違いと特質について調べなさい。

1.2　図1.1にならって，図1.2に示した遠心調速機をブロック線図で表現しなさい。

1.3　制御工学では表1.1に示した3世代の制御理論の比較から，古典制御が現時点でもおおいに活用されている根拠を見い出しなさい。

1.4　プロセス制御ではPID制御が一般的に用いられている。そこで用いられているPID制御器の事例を示しなさい。また，プロセス制御がおもに化学プラントの制御に用いられてきた理由を考察しなさい。

1.5　サーボ機構はレーダの制御に始まり，ロボットの制御で発展しているように，機械系や電気系がおもな制御対象である。第2次世界大戦中に米国で開発されたレーダ装置が，大砲の照準精度に大きく寄与したといわれている。その仕組みについて調べなさい。

2 フィードバック制御系の構成例と要求される性能

フィードバック制御は，産業界で活用されている基盤技術の一つであるが，実生活の中にも広く浸透している身近な存在である。その一つが，なじみのあるオーディオ CD プレーヤ，映像記録再生に広く用いられている DVD，Blu-ray（ブルーレイ）などのデータ読取り機構の心臓部になっている光サーボ機構である。これらの機器は，フィードバック制御技術なくしては存在しない。我が国が得意とする産業用ロボットや歩行ロボットの分野も，フィードバック制御は基幹技術である。

そこで，フィードバック制御を身近な存在として感じてもらうために，まずこれらの機器・技術分野に使われているフィードバック制御系の構成例について紹介する。

2.1 電気・機械サーボ機構

電気・機械サーボ機構は，モータやアクチュエータを使って機械エネルギーを発生させる機械要素として広く使用されている。このサーボ機構は，モータの種類によって直流サーボ機構と交流サーボ機構に分類される。電気・機械サーボ機構には，駆動部として直流（DC）サーボモータと交流（AC）サーボモータを用いる 2 方式がある。

角度を制御する直流サーボ機構は，図 2.1 のように角度センサ，コントローラ，DC サーボモータおよび歯車・負荷系で構成される。角度センサにはポテンショメータやエンコーダなどがある。角度に相当する入力信号が与えられると，瞬間的に角度センサで検出されたフィードバック信号との間に誤差信号が発生する。コントローラは，この誤差信号を増幅してモータを駆動し，歯車対

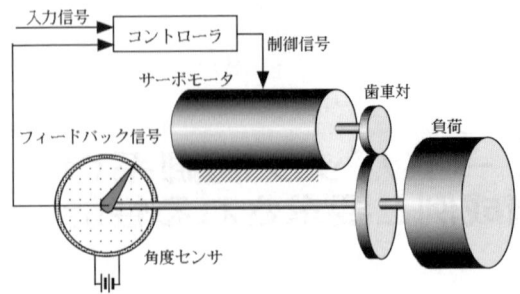

図 2.1　電気・機械サーボ機構

を介して負荷系の角度を入力信号に一致させようとする。速やかに誤差をなくすのがコントローラの役目である。直流サーボ機構はコントローラの設計製作が容易であるが，DC サーボモータの維持管理に問題がある。DC サーボモータは，一方向に電流を与えるためのカーボン製ブラシが不可欠であるが，使用時間の経過とともにこれが摩耗損傷するので，メンテナンスフリーにならず，つまり定期的な維持管理が必要である。

　交流サーボ機構は電気的な信号をすべて交流に変えたもので，ブラシが不要なので**ブラシレスサーボ**とも呼ばれている。一方，AC サーボモータは，そのままでは解析や制御系の補償がしにくいという問題があった。しかし，パルス幅変調を用いた PWM（pulse width modulation）アンプの出現によって一気にその問題は解決した。パルス幅変調とは，入力信号の大きさに応じてパルス幅を変え，モータを制御する方式である。このアンプの登場によって DC サーボモータと同様な制御が可能になり，交流サーボ機構でありながら制御系の補償が容易となり，直流サーボ機構に代わって広く用いられるようになった。

2.2　電磁アクチュエータ

　直流・交流サーボ機構は，図 1.3 に示したボールねじ送り機構を用いれば回転運動が直線運動に変換できるが，基本的には角度，角速度，角加速度などの回転運動を制御対象とする。それに対して，電磁アクチュエータは変位，速

度,加速度,力などの直線運動を制御対象とする。

図2.2に電磁アクチュエータの構成例を示す。永久磁石対で作られた磁気回路内に駆動コイルが置かれ,この駆動コイルに電流が流れるとフレミングの左手の法則に従って上向きに電磁力が発生する。この電磁力 F は,磁気回路の磁束密度を B [T(テスラ)],コイルに流れる電流を i [A],磁気回路内のコイル体積を V [m³] とすれば

$$F = K \cdot V \cdot B \cdot i \, [\text{N}]$$

で表される。ここに,K はアクチュエータの構造で定まる力係数である。この電磁アクチュエータは構造が簡単で設計も容易なので,電磁式除振装置など多くのフィードバック制御系に用いられている。

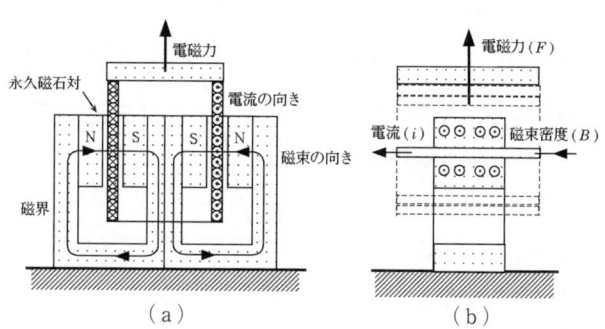

図2.2 電磁アクチュエータの構成例

2.3 ロボットアームの角度制御機構

図2.3には,産業用ロボットとして広く用いられている多関節ロボットアームの構成例[30),31)]を示す。この例では,人体の回転に相当する主軸,肩関節に相当する第1関節,腕関節に相当する第2関節,手関節に相当する第3関節の計4軸が駆動できる構造になっているが,すべての駆動は図2.1に示した電気・機械サーボ機構が基本になっている。このアームを4本備えれば4足歩行ロボットが構成できる[32),33)]。

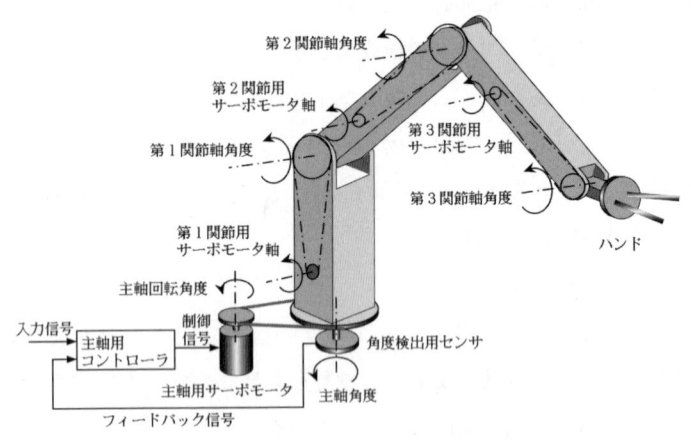

図 2.3 多関節ロボットアームの構成例[30]

　図 2.4 は，多関節ロボットアームの主軸に入力信号として目標値1だけ与えたときのステップ応答例を示す。この例は目標値に対して大きく行き過ぎた応答を示している。それによって多関節に負担が掛かるかもしれない。フィードバック制御では，いかに望ましい応答を得るかが設計上の重要課題である。

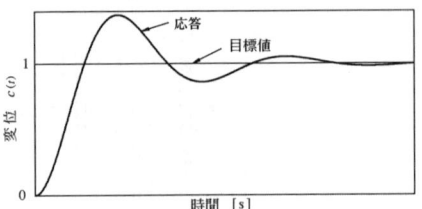

図 2.4 ロボットアームのステップ応答例

2.4 光サーボ機構

　フィードバック制御に親しんでもらうために，なじみのある CD，DVD，Blu-ray などのデータ読取り機構の心臓部になっている光サーボ機構の構成例を引用する。光サーボ機構は典型的なフィードバック制御機構である。フィードバック制御なくしては成り立たない応用例である。

　オーディオ CD プレーヤが登場して約 30 年になる。オランダのフィリップ社のパテントを基にソニー社が商品化したのが 1982 年である。今日の CD の

2.4 光サーボ機構

規格とサイズはフィリップ社とソニー社の協議で定めたと聞いている。あの有名なベートーベンの交響曲第九番(演奏時間約70分)が収録できるサイズとして,今日のポケットサイズ,外径12cmが定められた。ちなみに,内径は当時のオランダのコインの直径と同じである。コンピュータの世界では5年前の規格のものは古くて使いものにならないが,CDは今日でも現役バリバリであり,いろいろな進歩はしてきているものの,根本的な仕組みは大きく変わっていない。

図2.5にはCDプレーヤの心臓部である光サーボ機構の構成例[34]を示す。半導体から発生したレーザ光は,プリズムによってCD面上に照射されるが,アクチュエータに内装されたレンズによってレーザビームの焦点をCD面上に正確に合わせ,CD面上に記録されたディジタル情報を半導体レーザが発する光信号によって正確に読み取っている。それには,その光信号をフォーカス誤差検出器およびトラック誤差検出器で受けて,各誤差信号を制御器にフィードバックして,アクチュエータに取り付けられたレンズを正確にCD面上に合わせる必要がある。この基本構造は30年来変わっていない。この光サーボ機構のフィードバック制御系設計の詳細は,9章で説明する。

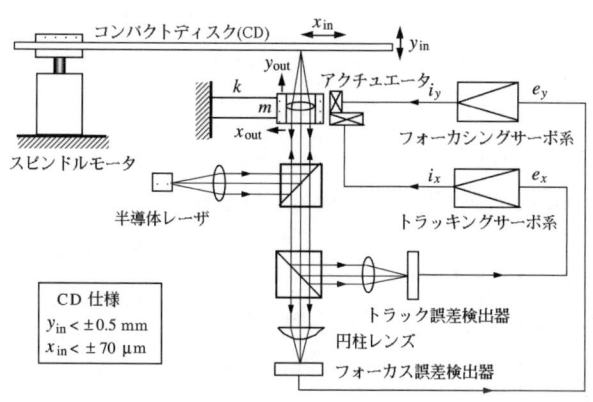

図2.5 光サーボ機構の構成例[34]

フィードバック制御の特徴は,制御精度がフィードバックに用いた誤差検出器の精度に依存することである。表2.1にはCD,DVD,Blu-ray3者の代表的特性の比較を示す。トラックピッチとは面上に刻まれたピッチ幅x [μm]の

表 2.1 CD，DVD，Blu-ray の代表特性比較

	CD-R/RW	DVD+R/RW	Blu-ray
トラックピッチ[μm]	1.6	0.74	0.32
記憶容量[Gbytes]	0.65	4.7	23.3
線速度[m/s]	1.20	3.49	5.28

ことで（図 9.3 参照），誤差検出器の精度はこのピッチ幅を下回る値になっている。CD を基準 1 にすれば，DVD で 0.463 と狭くなっており，Blu-ray では 0.2 とさらに狭くなっている。その結果，記憶容量は 35.8 倍に増大している。また，線速度は 4.4 倍であるので，これが Blu-ray によって長時間録音や高画質再生を可能にした理由である。

2.5 フィードバック制御に要求される性能

サーボ機構は，多くは入力信号に対して出力信号に追従させる追従制御系である。したがって，サーボ機構の出力変数はいかに速く，いかに精度良く入力に追従するかが要求される。これらのサーボ機構の性能を評価する 2 組みの指標が考えられる。一つは制御系の入力変数 $r(t)$ が時刻 $t=0$ で急に増加したときの応答 $c(t)$，いわゆるステップ応答の追従性能に関するものである。他の 1 組みは，入力変数 $r(t)$ が正弦波状に繰り返し変化したときの出力変数 $c(t)$ の追従性能，いわゆる周波数応答に関するものである。

代表的な制御系のステップ応答は図 2.6 に示される。この応答の立上りの速さや精度を示す指標として，つぎのようなものが使われる。

〔行過ぎ量，$c_{pt}[\%]$〕制御系の安定度の目安となる

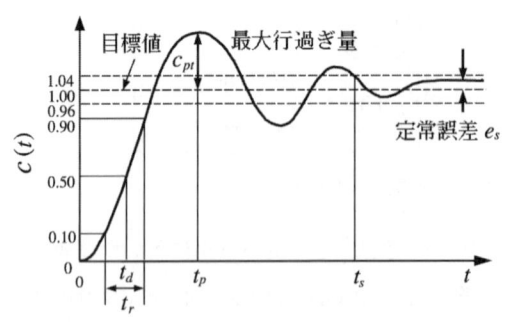

図 2.6　代表的な制御系のステップ応答

2.5 フィードバック制御に要求される性能

〔行過ぎ時間, t_p〕 最大行過ぎが現れる時間

〔整定時間, t_s〕 最終目標値の ±2%(または 5%)以内に収まる時間

〔半値時間, t_d〕 最終目標値の半分に達するまでの時間

〔立上り時間, t_r〕 応答が最終目標値の 10% から 90% までに達するのに要する時間

〔定常誤差, e_{ss}〕 応答の最終的な誤差

つぎに周波数応答について考えてみよう。周波数応答は,入力に正弦波状の繰返し信号を加えると出力も同じ周波数の正弦波応答となる。この応答がどれだけ高い周波数まで追従できるかで性能が評価される。代表的な周波数応答を**図 2.7** に示す。これは横軸に周波数,縦軸に入出力の振幅比をとったもので,つぎのような指標で評価される。

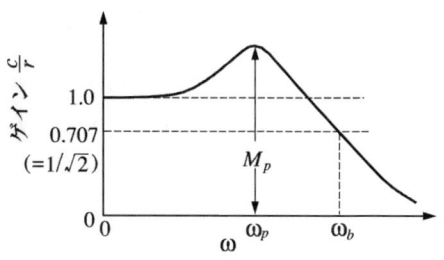

図 2.7 代表的な周波数応答

〔周波数応答の共振の最大値, M_p〕

〔共振周波数, ω_p〕

〔バンド幅, ω_b〕 応答が $1/\sqrt{2}$,すなわち 0.707 まで落ちる周波数

これら周波数応答における M_p, ω_p とステップ応答における c_{pt}, t_p の対応については 7.4 節において言及する。

これ以外にサーボ機構を評価する指標としては,外乱に対する特性がある。例えば,図 1.3 の工作機械のテーブル位置制御装置の場合,テーブル上の工作物を刃物で加工するので,刃物に加わる切削力がサーボ系の外乱に相当するであろう。切削中に切削抵抗が発生しても,入力通りに刃物台が動くことが要求されるわけで,外乱に対する出力の変動は小さい方がよい。これは一般の制御系にいえることで,外乱を受ける系のモデルを**図 2.8** に示す。

一般のサーボ機構において,外乱が負荷に加わる外力で,出力が変位である場合が多い。このような場合,外乱に対する特性は出力インピーダンスで表さ

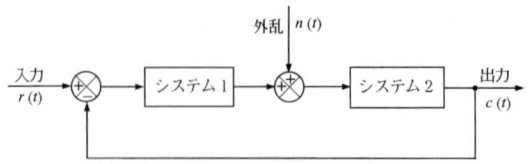

図 2.8 外乱を受ける系のモデル

れる。インピーダンスは動きにくさ，すなわち（力）÷（変位）で与えられる。それゆえ，外乱に対する効果を表す出力インピーダンスは

$$（出力インピーダンス）= \frac{外乱\ n(t)}{出力\ c(t)}$$

で与えられる。一般のサーボ機構では，外乱に対する出力変動が少ない方が良いわけで，出力インピーダンスが高い方が好ましい。さらに入力ノイズが含まれる系がある。一般にノイズの周波数成分は高いので，ノイズを遮断するために入出力伝達関数のバンド幅が制約されることがある。

［章末問題］

2.1　冒頭で取り上げた電気・機械サーボ機構は多方面で使われている。その実例を挙げて概要を述べなさい。

2.2　電磁アクチュエータで小型にして大きなパワーを得るには強力な永久磁石が必要である。その永久磁石には希土類磁石が採用され，電気自動車などに採用されている。その希土類磁石について，その電磁力と磁石の磁束密度，制御電流の関係について調べなさい。

2.3　我が国は産業用ロボット開発と活用の先進国である。本章では，その基本的なロボットアームについて取り上げたが，最近のロボットアームの構造と活用状況について調べなさい。

2.4　光サーボ系ではフォーカス（焦点）誤差検出とトラッキング（追尾）誤差検出が必要である。本書では，それを田の字センサとサブビーム方式で検出する方法を紹介したが，他の方式があればそれについて調べなさい。

2.5　本章では磁気浮上の事例として，磁気軸受とリニアガイドを紹介したが，最近話題のリニア鉄道への応用についてその仕組みを調べなさい。

3. システムの記述

　制御工学におけるシステム記述の特徴は，制御の対象となる動的システムをそのまま微積分方程式で表現するのではなく，ラプラス演算子を使って代数方程式に置き換え，制御入力が結果としての出力にどのように伝達されるかを表現する伝達関数で代表させることにある．本章では，対象となるシステムを図式化したブロック線図で表現し，入出力間の伝達関数で記述することを述べる．

3.1 ラプラス変換

　制御系は一般に微積分方程式で系の特性が与えられることが多い．例えば，簡単な制御系の入力 $r(t)$，出力 $c(t)$ がつぎのような微分方程式で与えられたと考えよう．

$$T\frac{dc(t)}{dt}+c(t)=r(t) \tag{3.1}$$

このような定係数線形微分方程式は，微分演算子 s を使って変数 r, c をつぎのように仮定して解くことができる．

$$r(t)=Re^{st}, \quad c(t)=Ce^{st} \tag{3.2}$$

これを式 (3.1) に代入すると

$$(Ts+1)C=R \tag{3.3}$$

の関係を得る．ここで，係数 C あるいは R も s の関数であると考え，入力と出力の係数の比をとるとつぎの関係を得る．

$$\frac{C(s)}{R(s)}=\frac{1}{Ts+1}=G(s) \tag{3.4}$$

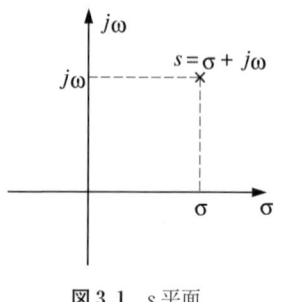

図3.1 s平面

これは制御工学で重要な役割を演ずる伝達関数である。このような表現方法を**演算子法**と呼び，演算子法を解析的に発展させたのがラプラス変換である。ラプラス変換では s は**ラプラスの演算子**と呼ばれ，図3.1に示すように実数部 σ, 虚数部 ω の複素数である。したがって，s の関数 $R(s)$, $C(s)$, $G(s)$ は数学的には**複素関数**と呼ばれる関数の性質を持つ。

3.1.1 ラプラス変換の公式

ラプラス変換は，つぎの積分の式で与えられる。

$$F(s) = \int_0^\infty f(t)e^{-st}dt = \mathcal{L}[f(t)] \tag{3.5}$$

$$f(t) = \frac{1}{2\pi j}\int_{c-j\infty}^{c+j\infty} F(s)e^{st}ds = \mathcal{L}^{-1}[F(s)] \tag{3.6}$$

ここで，$F(s) = \mathcal{L}[f(t)]$ は，時間関数 $f(t)$ を複素数 s の関数 $F(s)$ にラプラス変換することを意味し，$f(t) = \mathcal{L}^{-1}[F(s)]$ は複素関数 $F(s)$ を時間関数 $f(t)$ に逆ラプラス変換することを意味する。しかし，我々はこの積分の計算をいちいち行うことはなく，付録1.のように用意されたラプラス変換表を利用すればよい。制御工学で使う大部分の関数は，多少の変形をすると付録1.の関数形に直せる。この変形に関して重要なラプラス変換の公式を取り上げる。ここで，$F(s)$ を時間関数 $f(t)$ のラプラス変換と定義する。

〔1〕 **加減算の公式**

時間関数を A 倍したもののラプラス変換は，元の関数式 (3.5) をラプラス変換してから A 倍したものに等しい。

$$\mathcal{L}[Af(t)] = AF(s) \tag{3.7}$$

二つの関数の和（または差）のラプラス変換は，元のおのおのの関数をラプラス変換し，それの和（または差）に等しい。

$$\mathcal{L}[f_1(t) \pm f_2(t)] = F_1(s) \pm F_2(s) \tag{3.8}$$

〔2〕 **微分の公式**

ある時間関数 $f(t)$ を時間で微分したもののラプラス変換は，元の関数のラプラス変換に s を掛け，t を正より 0 に近づけた初期条件 $f(0^+)$ を引いたものに等しい．

$$\mathcal{L}\left[\frac{d}{dt}f(t)\right] = sF(s) - \lim_{t \to 0^+} f(t) = sF(s) - f(0^+) \tag{3.9}$$

n 階微分の場合はつぎのようになる．

$$\mathcal{L}\left[\frac{d^n}{dt^n}f(t)\right] = s^n F(s) - s^{n-1}f(0^+) - s^{n-2}f'(0^+) \cdots - f^{(n-1)}(0^+) - f^n(0^+) \tag{3.10}$$

〔3〕 **積 分 公 式**

時間関数 $f(t)$ の時間に関する積分をラプラス変換したものは，元の関数をラプラス変換したものを s で割ったものに等しい．

$$\mathcal{L}\left[\int_0^t f(t)dt\right] = \frac{F(s)}{s} \tag{3.11}$$

n 階積分した場合は次式で与えられる．

$$\mathcal{L}\left[\int_0^t \int_0^t \cdots \int_0^t f(t)dt^n\right] = \frac{F(s)}{s^n} \tag{3.12}$$

〔4〕 **時間移動の定理**

図 3.2 に示すように，時間関数 $f(t)$ を時間に関して T だけ移動した関数 $f(t-T)u(t-T)$ のラプラス変換を考えてみよう．この関数のラプラス変換は，元の関数のラプラス変換に e^{-sT} を掛けたものに等しい．

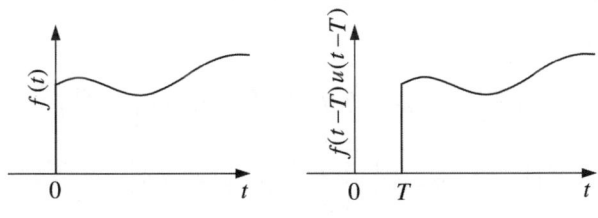

図 3.2 関数の時間推移

$$\mathcal{L}[f(t-T)u(t-T)] = e^{-sT}F(s) \tag{3.13}$$

〔5〕 **初期値および最終値の定理**

時間関数の初期値 $f(0^+)$ および最終値 $f(\infty)$ は，つぎの関数式で $F(s)$ より直接求められる。

$$\lim_{t \to 0} f(t) = \lim_{s \to \infty} sF(s) \tag{3.14}$$

$$\lim_{t \to \infty} f(t) = \lim_{s \to 0} sF(s) \tag{3.15}$$

【例題 3.1】 図 3.3 に示すステップ信号 $f(t) = c$（定数）（$t > 0$）のラプラス変換を求める。

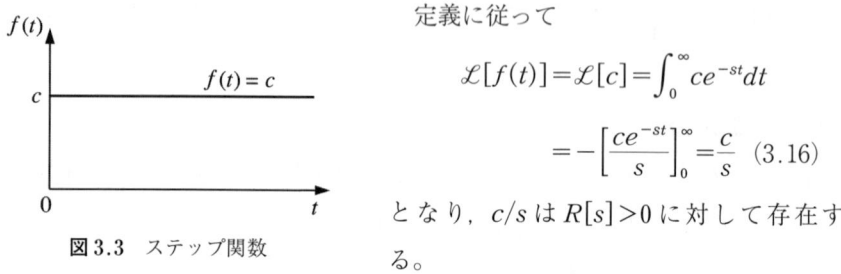

図 3.3 ステップ関数

定義に従って

$$\mathcal{L}[f(t)] = \mathcal{L}[c] = \int_0^\infty c e^{-st} dt$$

$$= -\left[\frac{ce^{-st}}{s}\right]_0^\infty = \frac{c}{s} \tag{3.16}$$

となり，c/s は $R[s] > 0$ に対して存在する。

【例題 3.2】 図 3.4 に示す時間関数 $f(t) = t$ のラプラス変換を求める。

部分積分法によって

$$\mathcal{L}[f(t)] = \mathcal{L}[t] = \int_0^\infty t e^{-st} dt$$

$$= \left[-\frac{te^{-st}}{s}\right]_0^\infty + \frac{1}{s}\int_0^\infty e^{-st} dt = \frac{1}{s^2} \tag{3.17}$$

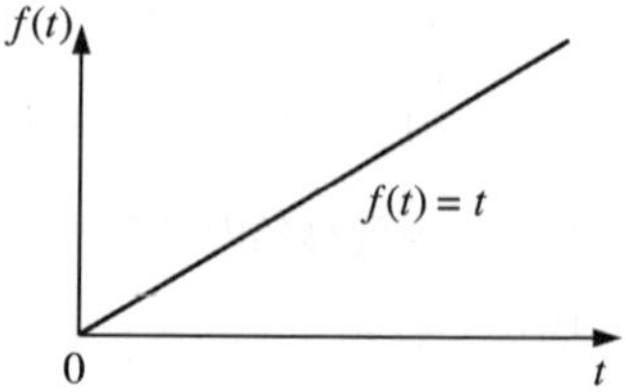

図 3.4 ランプ関数

を得る。

【例題 3.3】 三角関数の例として，$F(t) = \sin \omega t$ のラプラス変換を求める。

［部分積分法］

$$F(s) = \mathcal{L}[f(t)] = \int_0^\infty e^{-st} \sin \omega t \, dt = \left[-\frac{e^{-st}}{s} \sin \omega t\right]_0^\infty + \frac{\omega}{s}\int_0^\infty e^{-st} \cos \omega t \, dt$$

$$= 0 + \frac{\omega}{s}\left[\left\{-\frac{e^{-st}}{s} \cos \omega t\right\}_0^\infty - \frac{\omega}{s}\int_0^\infty e^{-st} \sin \omega t \, dt\right]$$

$$= \frac{\omega}{s}\left[\frac{1}{s} - \frac{\omega}{s}\mathcal{L}[f(t)]\right] = \frac{\omega}{s^2} - \left(\frac{\omega}{s}\right)^2 \mathcal{L}f[(t)] \tag{3.18}$$

$$\therefore \mathcal{L}[\sin \omega t] = \frac{\omega}{s^2} \cdot \frac{s^2}{s^2+\omega^2} = \frac{\omega}{s^2+\omega^2}$$

[複素表示法]

$$f(t) = \sin \omega t = \frac{1}{2j}(e^{j\omega t} - e^{-j\omega t}) \tag{3.19}$$

であるから

$$F(s) = \mathcal{L}[f(t)] = \int_0^\infty e^{-st} f(t) dt$$

$$= \int_0^\infty e^{-st} \cdot \frac{1}{2j}(e^{j\omega t} - e^{-j\omega t}) dt = \frac{1}{2j} \int_0^\infty [e^{-(s-j\omega)t} - e^{-(s+j\omega)t}] dt$$

$$= \frac{1}{2j}\left(\frac{1}{s-j\omega} + \frac{1}{s+j\omega}\right) = \frac{\omega}{s^2+\omega^2} \tag{3.20}$$

を得る。$f(t) = \cos \omega t$ についても求めてみよう。

【例題 3.4】 ラプラス変換を使って微分方程式を解く。つぎのような2階同時微分方程式の初期条件 $x'(0^+) = 5$, $x(0^+) = -1$ から応答を求める。

$$\frac{d^2 x(t)}{dt^2} + 3\frac{dx(t)}{dt} + 2x(t) = 0 \tag{3.21}$$

これをラプラス変換すると次式を得る。

$$[s^2 X(s) - sx(0^+) - x'(0^+)] + 3[sX(s) - x(0^+)] + 2X(s) = 0 \tag{3.22}$$

初期条件を代入して整理する。

$$X(s) = \frac{-s+2}{(s^2+3s+2)} = \frac{-s+2}{(s+1)(s+2)} \tag{3.23}$$

この式の右辺を部分分数展開する。

$$X(s) = \frac{3}{s+1} - \frac{4}{s+2} \tag{3.24}$$

逆ラプラス変換すると，応答 $x(t)$ が求まる（付録1.参照）。

$$x(t) = 3e^{-t} - 4e^{-2t} \tag{3.25}$$

3.1.2 部分分数展開

ラプラス変換を応用して系の解析を行い，最後に逆ラプラス変換しようとす

るとき，複素関数をラプラス変換表の簡単な形の和に整理する必要がある。このような場合に有効なものは部分分数展開で，単根に対するものと重根に対するものの二つに分けられる。

〔1〕 **単根に対する展開**

根がすべて単根である場合，つぎのように部分分数展開できる。

$$X(s) = \frac{P(s)}{(s+s_1)(s+s_2)\cdots(s+s_n)} = \frac{K_{-s_1}}{s+s_1} + \frac{K_{-s_2}}{s+s_2} + \cdots + \frac{K_{-s_n}}{s+s_n} \quad (3.26)$$

ここで，係数 K_{-s_i} は次式で与えられる。

$$K_{-s_i} = [(s+s_i)X(s)]_{s=-s_i} \quad (3.27)$$

【例題 3.5】 つぎの複素関数の部分分数展開を求める。

$$X(s) = \frac{10}{(s+5)(s^2+2s+2)} = \frac{10}{(s+5)(s+1+j)(s+1-j)}$$

$$= \frac{K_{-5}}{(s+5)} + \frac{K_{-1-j}}{s+1+j} + \frac{K_{-1+j}}{s+1-j} \quad (3.28)$$

式 (3.27) より各係数はつぎのように求まる。

$$\left. \begin{array}{l} K_{-5} = [(s+5)X(s)]_{s=-5} = \dfrac{10}{(-5+1+j)(-5+1-j)} = \dfrac{10}{17} \\[2mm] K_{-1-j} = [(s+1+j)X(s)]_{s=-1-j} = \dfrac{10}{(-1-j+5)(-1-j+1-j)} \\[2mm] \quad = \dfrac{5(4j-1)}{17} \\[2mm] K_{-1+j} = [(s+1-j)X(s)]_{s=-1+j} = \dfrac{10}{(-1+j+5)(-1+j+1+j)} \\[2mm] \quad = \dfrac{5(4j+1)}{17} \end{array} \right\} \quad (3.29)$$

したがって，$X(s)$ はつぎのように分解される。

$$X(s) = \frac{10}{17(s+5)} + \frac{5(4j-1)}{17(s+1+j)} - \frac{5(4j+1)}{17(s+1-j)}$$

$$= \frac{10}{17(s+5)} - \frac{10(s-3)}{17(s^2+2s+2)} \quad (3.30)$$

〔2〕 **重根に対する展開**

複素関数の根に r 次の重根 s_i がある場合，部分分数展開はつぎのような形となる．

$$X(s) = \frac{P(s)}{(s+s_1)(s+s_2)\cdots(s+s_i)^r\cdots(s+s_n)}$$

$$= \underbrace{\frac{K_{-s_1}}{s+s_1} + \frac{K_{-s_2}}{s+s_2} + \cdots + \frac{K_{-s_n}}{s+s_n}}_{\text{単根に対する展開}} + \underbrace{\frac{A_1}{s+s_i} + \frac{A_2}{(s+s_i)^2} + \cdots + \frac{A_r}{(s+s_i)^r}}_{\text{重根に対する展開}}$$

(3.31)

ここで，単根に対する係数 $K_{-s_1}, K_{-s_2}, \cdots, K_{-s_n}$ は式 (3.27) で与えられ，重根に対する係数 $A_1, A_2, \cdots, A_r$ は次式で与えられる．

$$\left.\begin{aligned} A_r &= [(s+s_i)^r X(s)]_{s=-s_i} \\ A_{r-1} &= \left[\frac{d}{ds}(s+s_i)^r X(s)\right]_{s=-s_i} \\ A_{r-2} &= \frac{1}{2!}\left[\frac{d^2}{ds^2}(s+s_i)^r X(s)\right]_{s=-s_i} \\ &\vdots \\ A_1 &= \frac{1}{(r-1)!}\left[\frac{d^{r-1}}{ds^{r-1}}(s+s_i)^r X(s)\right]_{s=-s_i} \end{aligned}\right\} \quad (3.32)$$

3.2 伝達関数表示

古典制御では制御系の表現に伝達関数が重要な役割を演ずる．制御系の動特性は，一般に入力 $r(t)$ と出力 $c(t)$ に関する n 次の定係数微分方程式で与えられる．

$$a_0 \frac{d^n}{dt^n}c(t) + a_1 \frac{d^{n-1}}{dt^{n-1}}c(t) + \cdots + a_{n-1}\frac{d}{dt}c(t) + a_n c(t)$$

$$= b_0 \frac{d^m}{dt^m}r(t) + b_1 \frac{d^{m-1}}{dt^{m-1}}r(t) + \cdots + b_{m-1}\frac{d}{dt}r(t) + b_m r(t) \quad (3.33)$$

ここで，係数 $a_0, \cdots, a_n, b_0, \cdots, b_m$ は定数であり，一般の制御系では $n \geq m$ である．これを初期条件零の下でラプラス変換すると，式 (3.34) を得る．

$$(a_0 s^n + a_1 s^{n-1} + \cdots + a_{n-1} s + a_n) C(s)$$
$$= (b_0 s^m + b_1 s^{m-1} + \cdots + b_{m-1} s + b_m) R(s) \tag{3.34}$$

ここで，入力信号のラプラス変換 $R(s)$ と出力信号のラプラス変換 $C(s)$ の比を**伝達関数** $G(s)$ という．

$$G(s) = \frac{C(s)}{R(s)} = \frac{b_0 s^m + b_1 s^{m-1} + \cdots + b_{m-1} s + b_m}{a_0 s^n + a_1 s^{n-1} + \cdots + a_{n-1} s + a_n} \tag{3.35}$$

多くの制御系で，伝達関数は式（3.35）のような有理多項式の商で与えられる．伝達関数は次式で表すように，制御系の入力信号に対する出力信号の関係を与える．

$$C(s) = G(s) R(s) \tag{3.36}$$

すなわち，入力信号のラプラス変換と伝達関数を掛けたものが出力信号のラプラス変換を作る．言い換えれば，伝達関数は出力信号の入力信号に対する応答を，s 領域で表したものである．これを図式に表したものが**ブロック線図**で，図 3.5 のように示される．

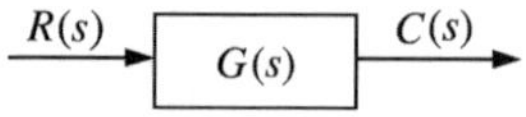

図 3.5　ブロック線図

【例題 3.6】 図 3.6 のような抵抗 R [Ω（オーム）]，コンデンサ C [F（ファラド）]，インダクタンス L [H（ヘンリー）] で構成される電気回路の入力電圧 $e_{\text{in}}(t)$ と出力電圧 $e_{\text{out}}(t)$ に関する伝達関数を求めてみよう．回路を流れる電流を $i(t)$ とすれば，つぎの二つの式を得る．

$$\left. \begin{array}{l} e_{\text{in}}(t) = R i(t) + L \dfrac{di(t)}{dt} + \dfrac{1}{C} \int i(t) dt + e_{\text{out}}(0^+) \\ e_{\text{out}}(t) = \dfrac{1}{C} \int i(t) dt + e_{\text{out}}(0^+) \end{array} \right\} \tag{3.37}$$

この二つの式を初期条件零でラプラス変換すれば

$$\left. \begin{array}{l} E_{\text{in}}(s) = \left(R + Ls + \dfrac{1}{Cs} \right) I(s) \\ E_{\text{out}}(s) = \dfrac{1}{Cs} I(s) \end{array} \right\} \tag{3.38}$$

が求まり，この二つの式の比から伝達関数が求められる．

3.2 伝達関数表示

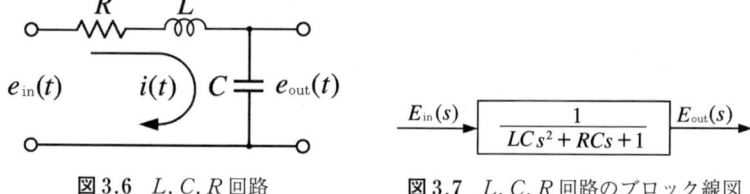

図 3.6 L, C, R 回路　　　図 3.7 L, C, R 回路のブロック線図

$$G(s) = \frac{E_{\text{out}}(s)}{E_{\text{in}}(s)} = \frac{1}{LCs^2 + RCs + 1} \tag{3.39}$$

これをブロック線図で表示すると，**図 3.7** のようになる．

伝達関数の分母 $=0$ の式を**特性方程式**といい，$P(s) = 0$ で与えられる．すなわち例題 3.6 では

$$P(s) = LCs^2 + RCs + 1 = 0 \tag{3.40}$$

となり，これを解くと特性方程式の根，すなわち伝達関数の根，s_1, s_2 がつぎのように定まる．

$$s_1, s_2 = \frac{-RC \pm \sqrt{(RC)^2 - 4LC}}{2LC} \tag{3.41}$$

これを**特性根**と呼び，この特性根は制御系の応答の速さや安定性を決める重要な役割を果たすことになる．

【例題 3.7】 図 2.5 に示した光サーボ機構は，CD 面上に記録されたディジタル情報を半導体レーザが発する光信号によって正確に読み取るフィードバック制御機構である．アクチュエータに内装されたレンズによって，レーザビームの焦点合わせを行っている．そのアクチュエータ部分のフォーカス制御方向の拡大図を**図 3.8** に示す．アクチュエータは図 2.2 のような電磁力で駆動されるが，ここではそれを単純化して制御力 $f(t)$ [N（ニュートン）] を発生する力発生器と考える．レンズは質量 m [kg] のボディで保持されており，そのボディは $y(t)$ 方向に自由に動けるように，ばね定数 k [N/m] の 4 本の非磁性丸棒材によって支持されている．磁場内でボディが動くことによって減衰係数 c [N·s/m] の減衰力が発生する．これらの関係を運動方程式で表すと，式 (3.42) のようになる．

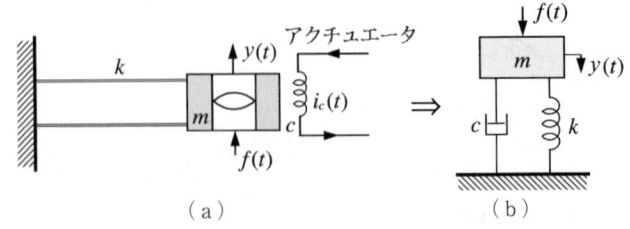

図 3.8 光サーボ機構の CD 面上における読取り機構の力学モデル

$$m\frac{d^2y(t)}{dt^2}+c\frac{dy(t)}{dt}+ky(t)=f(t) \tag{3.42}$$

この式を初期条件零でラプラス変換し，$y(t)$, $f(t)$ のラプラス変換 $X(s)$, $F(s)$ の比から伝達関数 $G(s)$ が求められる．

$$G(s)=\frac{Y(s)}{F(s)}=\frac{1}{(ms^2+cs+k)} \tag{3.43}$$

前例と同様，伝達関数の分母 $=0$，すなわち特性方程式 $P(s)=0$ はつぎのようになる．

$$P(s)=ms^2+cs+k=0 \tag{3.44}$$

そして，伝達関数の根，s_1, s_2 がつぎのように定まる．

$$s_1, s_2=\frac{-c\pm\sqrt{c^2-4mk}}{2m} \tag{3.45}$$

これも特性根であり，特性根は制御系の応答の速さや安定性を決める重要な役割を果たすことになる．

3.3 ブロック線図

ブロック線図を使うと，フィードバック制御系や複雑な制御系が**図 3.9** のように簡単に表示できる．すなわち，前向き伝達関数 $G(s)$，フィードバック伝達関数 $H(s)$ および加算点の記号で表現されており，各信号の流れがよくわかる．別の例では，フィードバックを二つ持った**図 3.10** のような制御系を考えよう．

3.3 ブロック線図

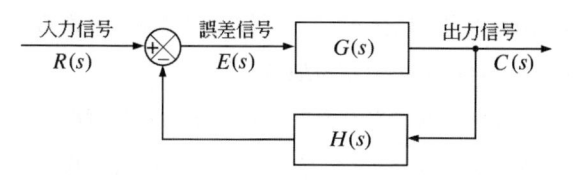

図 3.9 フィードバック制御系のブロック線図

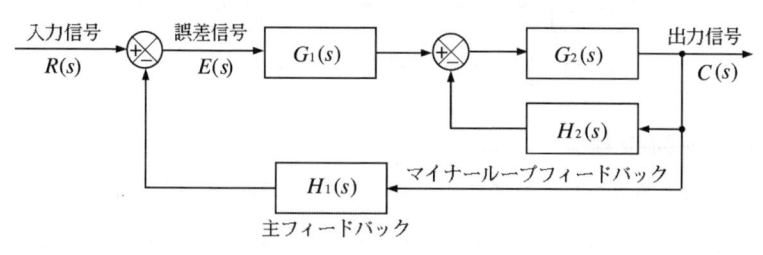

図 3.10 フィードバックを二つ持った制御系のブロック線図

このようなブロック線図を簡略化（リダクション）することによって，入出力間の関係を得ることができる．以下に，このリダクションに関する簡単な公式を紹介しよう．

〔1〕 加 算 点

ブロック線図における加算点は**図 3.11**のような記号で表され，出力信号はおのおのの入力信号の加減算された信号となる．

$$C(s) = R_1(s) + R_2(s) - R_3(s) \qquad (3.46)$$

図 3.11 ブロック線図における加算点

〔2〕 直列接続（カスケード接続）

ある制御系が二つのブロックに分けられ，信号が一方から他方へのみ流れる場合，この二つのブロックはカスケード接続されているといい，**図 3.12**のようなブロック線図で与えられる．

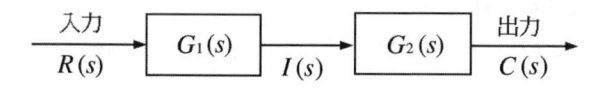

図 3.12 カスケード接続

この場合は伝達関数の定義に従って，つぎのような関係がある。
$$C(s) = G_2(s)I(s) = G_2(s)G_1(s)R(s) \tag{3.47}$$
したがって，カスケード接続された二つのブロックは，**図3.13**のように，そのおのおのの伝達関数の積によって与えられる一つの伝達関数に等しい。

図3.13 カスケード接続された二つのブロックの統合

〔3〕 **並列接続**

二つの伝達関数が並列のブロックより構成されるとき，その全体の伝達関数は，**図3.14**のようにおのおのブロックの伝達関数の和または差で与えられる。

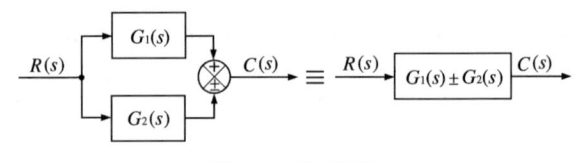

図3.14 並列接続

〔4〕 **フィードバック**

図3.15のようなフィードバック系を考えてみよう。これが今後出てくるフィードバックループの基本形である。加算点の－は負帰還 (negative feedback) を，＋は正帰還 (positive feedback) を表す。そうすると，つぎのような関係式が成立する。

$$\left. \begin{array}{l} E(s) = R(s) \mp B(s) \\ C(s) = G(s)E(s) \\ B(s) = H(s)C(s) \end{array} \right\} \tag{3.48}$$

これらの式より $E(s), B(s)$ を消去すると，入出力伝達関数 $M(s) = C(s)/R(s)$ を得る。

3.3 ブロック線図

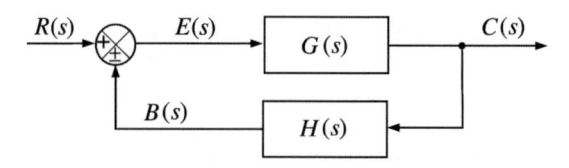

図 3.15 フィードバックループの基本形

$$M(s) = \frac{C(s)}{R(s)} = \frac{G(s)}{1 \pm G(s)H(s)} \tag{3.49}$$

フィードバックループのリダクションについては制御系で頻繁に出てくるので，図 3.15 とその入出力伝達関数 $M(s)$ についての理解は重要である。

以上のリダクションに関する簡単な公式を知った上で，図 3.9 に関する入出力伝達関数は，フィードバックループのリダクション式 (3.49) に基づき以下のようになる。

$$M(s) = \frac{C(s)}{R(s)} = \frac{G(s)}{1 + G(s)H(s)} \tag{3.50}$$

図 3.10 の例では，まずマイナーループをリダクションし，$M_m(s) = G_2(s)/[1+G_2(s)H_2(s)]$ を得て，この $M_m(s)$ と $G_1(s)$ の直列接続によって前向き伝達関数 $G_1(s)M_m(s)$ が求まり，この伝達関数を式 (3.49) の $G(s)$ と置き換えることによって，つぎのような入出力伝達関数が得られる。

$$M(s) = \frac{G_1(s)M_m(s)}{1+G_1(s)M_m(s)H_1(s)} = \frac{G_1(s)G_2(s)/[1+G_2H_2]}{1+G_1(s)G_2(s)H_1(s)/[1+G_2H_2]}$$

$$= \frac{G_1(s)G_2(s)}{1+G_2H_2+G_1(s)G_2(s)H_1(s)} \tag{3.51}$$

【例題 3.8】 図 3.16 のような二重フィードバックを持つ制御系の入出力伝達関数を求めてみよう。

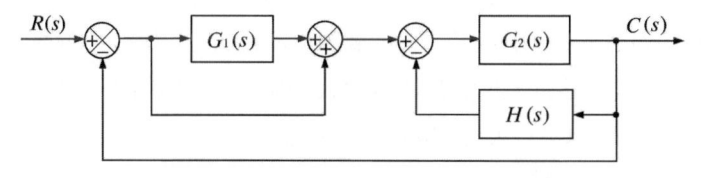

図 3.16 二重フィードバックを持つ制御系

まず，点線で囲まれた二つのブロックをまとめると，**図 3.17** のようなブロック線図を得る。

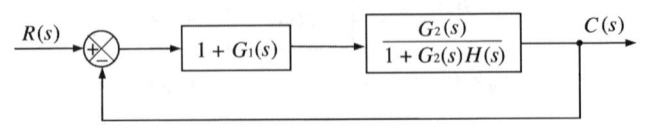

図 3.17 図 3.16 の変換 1

二つのカスケード接続されたブロックをまとめ，全体の入出力伝達関数を求めれば，**図 3.18** のように変形される。

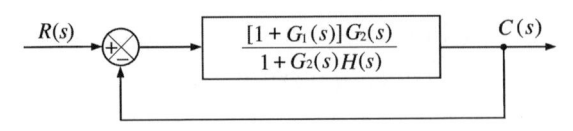

図 3.18 図 3.16 の変換 2

これは図 3.15 に示されたフィードバックループの基本形において，$H(s)=1$ と置けばよいので，式 (3.49) から**図 3.19** に示された伝達関数が容易に求められる。

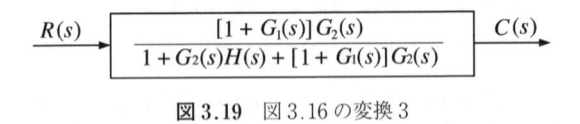

図 3.19 図 3.16 の変換 3

3.4　直接解を得る方法，メイソンの公式

ブロック線図から入出力間の伝達関数を得るには上記のようなブロック線図の等価変換が必要であるが，信号伝達線図を考案したメイソン（Mason）の公式を用いれば，直接に入出力間の伝達関数を得ることができる。メイソンは，式 (3.52) に示すような入出力関係を導いた。

$$\frac{x_{\mathrm{out}}}{x_{\mathrm{in}}} = M = \sum_k \frac{M_k \Delta_k}{\Delta} \tag{3.52}$$

3.4 直接解を得る方法，メイソンの公式

ここで，x_{in} は入力変数，x_{out} は出力変数，M は両者間の伝達関数を表す．M_k は x_{in} から x_{out} に至る前向き経路のうち，k 番目の前向き経路のパスゲインを表す．Δ は，信号伝達線図あるいはブロック線図の特性方程式であって，連立方程式の行列式と一致する．この特性方程式は次式で与えられる．

$$\Delta = 1 - \sum_m p_{m1} + \sum_m p_{m2} - \sum_m p_{m3} + \cdots \tag{3.53}$$

ここで，p_{mr} は互いに接触しない r 個のループのうち，m 個の可能な組合せによるループゲインの積である．すなわち

$$\begin{aligned}\Delta = &1 - (独立したループゲインの和) \\ &+ (接触しない2個のループのループゲイン積の可能な組合せの総和) \\ &- (接触しない3個のループのループゲイン積の可能な組合せの総和) \\ &+ (\cdots\cdots \qquad\qquad\qquad)\end{aligned} \tag{3.54}$$

$$\Delta_k = k \text{ 番目の前向き経路と接触しないループに関する } \Delta \text{ の値} \tag{3.55}$$

式（3.52）は，一般形で表されていて扱いにくいようであるが，実際に使用すれば複雑なブロック線図の入出力関係を求める場合にたいへん便利である．

ブロック線図では，入力変数を入力信号，出力変数を出力信号，パスゲインを伝達関数と置き換えれば，式（3.52）はブロック線図から直接に入出力間の伝達関数を得ることに利用できる．

例えば図 3.16 によれば，フィードバックループは三つあり，そのおのおのの伝達関数は

$$p_{11} = G_2(s)H(s), \quad p_{21} = G_1(s)G_2(s), \quad p_{31} = G_2(s)$$

の 3 個があり，接触しない 2 個，3 個のループはないので，Δ の値は以下のようになる．

$$\Delta = 1 + G_2(s)H(s) + G_1(s)G_2(s) + G_1(s)$$

M_k は $R(s)$ から $C(s)$ に至る前向き経路のうち，k 番目の前向き径路の伝達関数を表す．この例では前向き経路は二つあり，1 番目の前向き経路でその伝達関数は $M_1 = G_1(s)G_2(s)$ であり，その経路に接触しないループはないので，$\Delta_1 = 1$ である．2 番目の前向き経路の伝達関数は $G_2(s)$ であり，これも経路に接触しないループはないので，$\Delta_2 = 1$ である．

したがって，式 (3.52) に相当する伝達関数は

$$\frac{C}{R}(s) = M = \sum_k \frac{M_k \Delta_k}{\Delta} = \frac{G_1(s)G_2(s) + G_2(s)}{1 + G_1(s)G_2(s) + G_2(s)H(s) + G_2(s)} \quad (3.56)$$

であり，図 3.19 の伝達関数と一致する．

【例題 3.9】 図 3.20 は，面積 C_1 と C_2 の二つの水槽が，絞り R_1 と R_2 によって結合されたプロセス系を示す．面積 C_1 の水槽には流入量 q_{in} の流体が注入されている．水槽の液面の微小変動量を Δh [m]，水槽の断面積を C [m²]，流量変化を q [m³/s] とすれば，水槽内の水の変化量は $C\Delta h$ [m³] となるから，q_{in} を水槽への流入量，q_{out} を流出量とすれば

$$C\Delta h = (q_{in} - q_{out})\Delta t \quad (3.57)$$

Δt で両辺を割って，$\Delta t \to 0$ の極限を取ると

$$C\frac{dh}{dt} = q_{in} - q_{out} \quad (3.58)$$

また，液面変化 h に伴う出口流量の変化は水力学の法則から

$$q_{out} = c\sqrt{h} \quad (c \text{ は定数}) \quad (3.59)$$

の関係にあるが，液位が平衡液位からさほど大きな変動をしないとみなせば，式 (3.60) のように線形化することができる．

$$q_{out} = \frac{1}{R}h \quad (3.60)$$

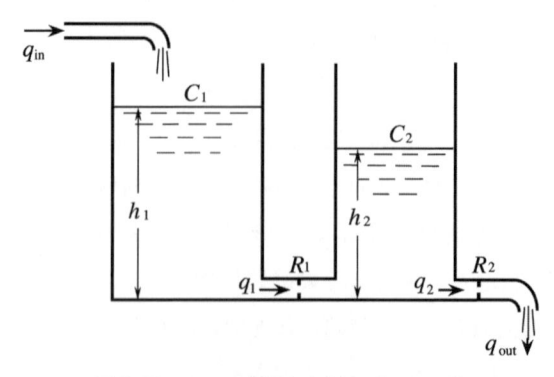

図 3.20　二つの水槽からなるプロセス系

3.4 直接解を得る方法，メイソンの公式

式 (3.58), (3.60) の関係を用いて図 3.20 の二つの水槽からなるプロセス系の基礎式を表すと

$$C_1 \frac{dh_1}{dt} = q_{in} - q_1 \tag{3.61}$$

$$q_1 = \frac{1}{R_1}(h_1 - h_2) \tag{3.62}$$

$$C_2 \frac{dh_2}{dt} = q_1 - q_2 \tag{3.63}$$

$$q_2 = q_{out} = \frac{1}{R_2} h_2 \tag{3.64}$$

を得る．各式を個々にラプラス変換して，入出力の関係を念頭に置いてブロック線図に表すと**図 3.21** のようになる．

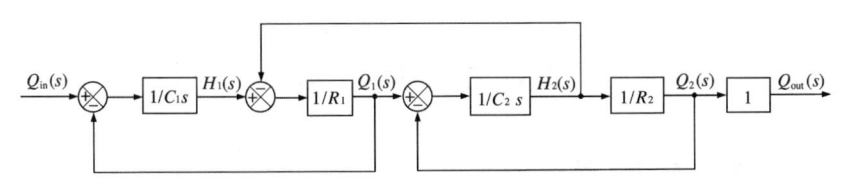

図 3.21　図 3.20 に示した二つの水槽のブロック線図

（1）メイソンの公式を用いて流入量 Q_{in} に対する流出量 Q_{out} の伝達関数 Q_{out}/Q_{in} を求める．

図 3.21 から流入量 Q_{in} に対する流出量 Q_{out} の前向き経路は一つで，この経路はすべてのフィードバックループに接しているので

$$M_1 = \frac{1}{C_1 R_1 C_2 R_2 s^2}, \quad \Delta_1 = 1$$

であり，またフィードバックループは三つあり，その各ループゲインは

$$p_{11} = \frac{-1}{C_1 R_1 s}, \quad p_{21} = \frac{-1}{C_2 R_1 s}, \quad p_{31} = \frac{-1}{C_2 R_2 s}$$

であり，両側のループが接していないから

$$p_{12} = \frac{1}{C_1 R_1 s} \frac{1}{C_2 R_2 s}$$

である．これより式 (3.53) に示した Δ の値は

$$\Delta = 1 + \left(\frac{1}{C_1R_1s} + \frac{1}{C_2R_1s} + \frac{1}{C_2R_2s}\right) + \left(\frac{1}{C_1R_1s}\frac{1}{C_2R_2s}\right)$$

$$= \frac{(C_1R_1C_2R_2)s^2 + (C_2R_2 + C_1R_2 + C_1R_1)s + 1}{(C_1R_1C_2R_2)s^2}$$

なので

$$\frac{Q_{\text{out}}}{Q_{\text{in}}} = M = \frac{M_1\Delta_1}{\Delta} = \frac{1}{(C_1R_1C_2R_2)s^2 + (C_2R_2 + C_1R_2 + C_1R_1)s + 1} \quad (3.65)$$

となる。

（2） 流入量 Q_{in} に対する水槽2の液位 H_2 の伝達関数 H_2/Q_{in} を求める。この場合は $M_1 = 1/C_1R_1C_2s^2$, $\Delta_1 = 1$ なので次式のようになる。

$$\frac{H_2}{Q_{\text{in}}} = M = \frac{M_1\Delta_1}{\Delta} = \frac{R_2}{(C_1R_1C_2R_2)s^2 + (C_2R_2 + C_1R_2 + C_1R_1)s + 1} \quad (3.66)$$

3.5 応 用 例

3.5.1 加 減 算 器

いままでブロック線図の加減算記号⊗を用いてシステム記述を行ってきたが，実際にはどのような方法でそれを実現するかが問題である。加減算の演算は，アナログデータを A-D（アナログ-ディジタル）**変換器**を通してコンピュータに取り込んで演算を行うディジタル演算法と，アナログ信号のままで行うアナログ演算法に二分されるが，ここでは後者について説明する。

図 3.22 は**オペアンプ**（OP. Amp., operational amplifier）を用いた代表的な**アナログ加算回路**である。オペアンプは以下の特性を有する増幅器である。

① 入力インピーダンスがきわめて大きい（10 MΩ 以上）
② 増幅率 μ がきわめて大きい（$\mu \geq 10^6$）
③ 出力インピーダンスがきわめて小さい（50 Ω 程度）

このような特性を有するオペアンプに，図 3.22 のような3個の入力抵抗 R_1, R_2, R_3 がそのアンプのマイナス端子に結線され，またその端子とアンプの出力端子間にフィードバック抵抗 R_f が結線されたとき，各入力抵抗に与えら

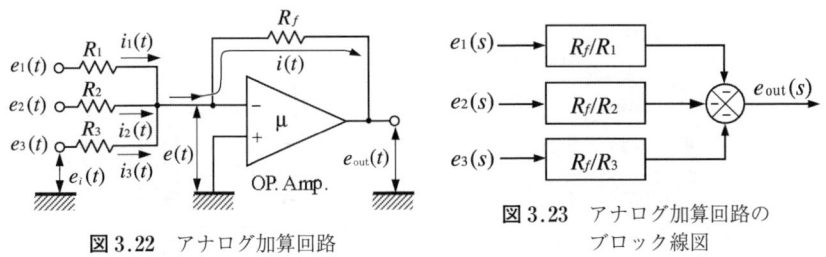

3.5 応用例

図 3.22 アナログ加算回路

図 3.23 アナログ加算回路の
ブロック線図

れた入力電圧を e_1, e_2, e_3，各入力抵抗を流れる電流を i_1, i_2, i_3，フィードバック抵抗を流れる電流を i，オペアンプのマイナス端子の電圧を e とすれば，以下のような回路方程式が記述される．

$$e_1-e=R_1i_1, \quad e_2-e=R_2i_2, \quad e_3-e=R_3i_3, \quad e-e_{out}=R_fi$$

ところで，オペアンプの特性より

$$e=-\frac{e_{out}}{\mu}, \quad i=i_1+i_2+i_3$$

であるから，増幅率 $\mu \to \infty$ と考えれば $e=0$ となり，負の出力電圧は，以下の入力電圧の加算回路を形成することになる．

$$-e_{out}=\left(\frac{R_f}{R_1}\right)e_1+\left(\frac{R_f}{R_2}\right)e_2+\left(\frac{R_f}{R_3}\right)e_3 \tag{3.67}$$

この関係をブロック線図で表せば**図 3.23** のようになる．この回路では符号が反転しているので，負の出力電圧を正に変換するには $R_{in}=R_f$ とした回路を加えればよい．その回路を**符号反転器**という．ただし，R_{in} は入力抵抗である．図 3.22 において，R_f の代わりにコンデンサ C を置けば，式（3.67）の分子項は $1/Cs$ となって，**加算積分器**が構成できる．

3.5.2 DC モータのブロック線図表示

永久磁石によって磁場が形成された DC サーボモータの内部構造と原理図を**図 3.24** に示す．永久磁石で作られた一定磁場の中に巻線を持つ回転子が置かれている．この巻線には，ブラシと整流子によって図 3.24 (a) の上と下では逆向きの電流が流れ，トルクを発生する．磁束と電流は直交することにより，

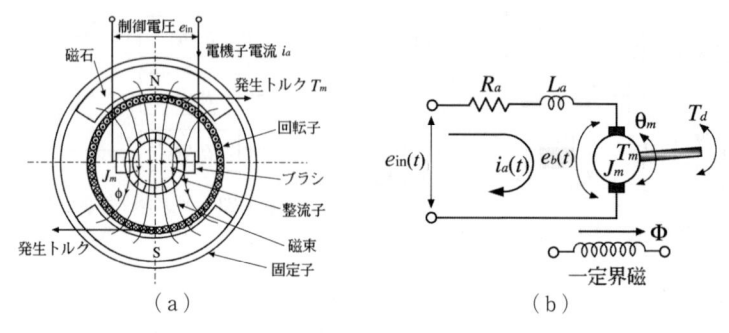

図 3.24 DC サーボモータの内部構造と原理図

有効にトルクが発生する．制御電流 i_a [A] によって，トルク T_m [N·m] が発生すると考えると

$$T_m = K_i i_a \tag{3.68}$$

が成立する．ここに，K_i はモータのトルク定数 [N·m/A] である．このトルクによってモータが $\dot{\theta}_m$ [rad/s] の回転角速度で回転すると，つぎの逆起電力 e_b が発生する．

$$e_b = K_b \frac{d\theta_m}{dt} \tag{3.69}$$

ここに，K_b はモータの逆起電力定数 [V/(rad/s)] である．

　回転子の巻線のインダクタンスと抵抗をおのおの L_a と R_a と表し，制御電圧を $e = e_{in}$ とすれば，回路の電圧はつぎのように表される．

$$e_{in} = R_a i_a + L_a \frac{di_a}{dt} + e_b \tag{3.70}$$

　モータロータの慣性モーメントを J_m，ロータの回転中の摩擦などによって角速度に比例する粘性減衰力を受けるものとして，その粘性摩擦係数を c_m，ロータに外部からトルク T_d が作用すると考えれば，つぎのトルクの釣合い式が成立する．

$$T_m - T_d = J_m \frac{d^2\theta_m}{dt^2} + c_m \frac{d\theta_m}{dt} \tag{3.71}$$

　以上の関係式を初期値を零とするラプラス変換の後，ブロック線図で表して

図 3.25 に示す．

メイソンの公式を適用して，このモータの伝達関数を求めれば

$$\frac{\theta_m}{E_{in}}(s) = \frac{K_i}{s[L_a J_m s^2 + (R_a J_m + c_m L_a)s + (K_i K_b + c_m R_a)]} \quad (3.72)$$

となって，K_b は $c_m R_a$ の項に加わっていることがわかる．つまり，逆起電力はこのモータに電気的な減衰効果を与えている．しかも，式（3.72）の逆起電力は，サーボ特性としては電磁制動として働き，制御性能（安定性）も良いアクチュエータである．唯一最大の欠点は，ブラシと整流子を使わなければならず，ブラシに寿命があり，メンテナンスフリーにならないことである．

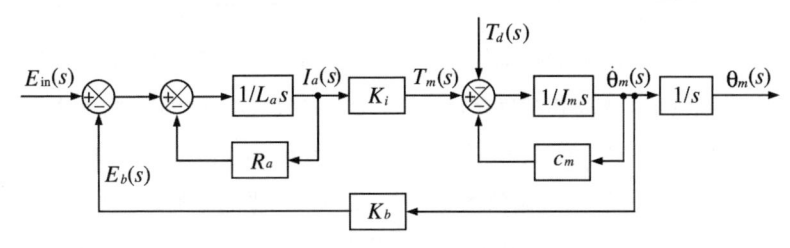

図 3.25 DC モータのブロック線図

3.5.3 サーボモータによる角度制御表示

つぎに図 3.24 に示した DC サーボモータを用いた慣性付加の角度制御について考えよう．サーボモータで大きな負荷を制御する場合，サーボモータを負荷に直結することはまれで，通常は減速機構を介してトルク変換がなされる．その代表的な減速機構が歯車対である．図 2.1 には歯車対を用いて減速された角度制御系の構成例を示したので，この例を用いて角度制御表示を行ってみよう．

図 3.26 に示す歯車対について，歯車 1 のピッチ円直径を D_1，歯数を Z_1，歯車 2 のそれらを D_2, Z_2 と定める．また，歯車 1 から歯車 2 へ切線力 F を伝達すると考えれば，伝達トルク T，角変位 θ の間にはつぎの関係が成立する．

$$F = \frac{2}{D_1} T_1 = \frac{2}{D_2} T_2 \quad (3.73)$$

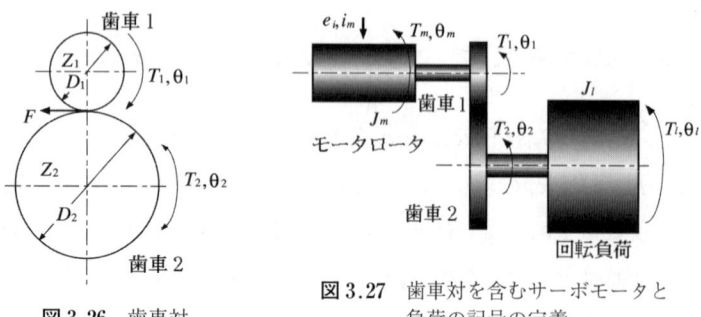

図3.26 歯車対

図3.27 歯車対を含むサーボモータと負荷の記号の定義

$$\frac{D_1}{2}\theta_1 = \frac{D_2}{2}\theta_2 \qquad (3.74)$$

しかし，ピッチ円直径は歯車設計上の基礎円であって，製作された歯車の外観から容易に測定できる値ではないので，それに代わる歯車1と歯車2の歯数 Z_1, Z_2 をもって2式を表せば，$T_1=(Z_1/Z_2)T_2=nT_2$，$\theta_1=(Z_2/Z_1)\theta_2=(1/n)\theta_2$ となる。この $n=Z_1/Z_2$ を**歯数比**と呼んでおり，歯車が介在する場合の重要な係数となる。その例として**図3.27**から慣性モーメントを算出してみよう。サーボモータに作用するトルク T_m と歯車1に掛かる反トルク T_1 の間には，以下の関係が成立する。

$$T_m - T_1 = J_m \frac{d^2\theta_m}{dt^2} \qquad (3.75)$$

$$T_1 = nT_2 = nJ_l \frac{d^2\theta_l}{dt^2} = n^2 J_l \frac{d^2\theta_1}{dt^2} \qquad (3.76)$$

サーボモータ軸と歯車1を連結する軸を剛体とみれば $\theta_m = \theta_1$ であるから，式 (3.75) に式 (3.76) を代入して，T_m に対する θ_1 の伝達関数を導けば以下のようになる。

$$\frac{\theta_1(s)}{T_m(s)} = \frac{1}{(J_m + n^2 J_l)s^2} \qquad (3.77)$$

このように，1段の歯車対を通すことによって負荷の慣性モーメントは $n^2(n \ll 1)$ に比例して小さくすることができる。これが減速機構の大きな特典であり，巨大な物体を小型のモータで制御できる秘密がここにある。ただし，

物体の動きは n に比例して遅くなる。サーボモータに加えられる制御入力から負荷の回転角までの動特性をブロック線図で表して図 3.28 に示す。

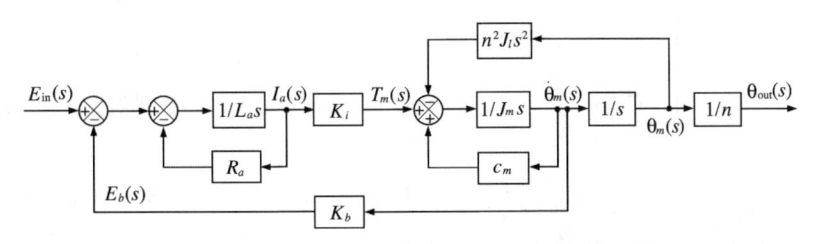

図 3.28 図 3.24 に示すサーボモータによる角度制御系のブロック線図

メイソンの公式によって $E_{in} \to \theta_{out}$ のブロック線図をリダクションして，伝達関数 $G_l(s)$ をつぎのように導き

$$G_l(s) = \frac{K_i/n}{L_a(J_m + n^2 J_l)s^3 + (J_m R_a + n^2 J_l R_a + L_a c_m)s^2 + (K_i K_b + R_a c_m)s} \tag{3.78}$$

となる。

図 2.1 に示したフィードバック制御系を構成し，入力信号を入力角 $\theta_{in}(s)$ にとり，対する出力信号を出力角 $\theta_{out}(s)$ にとって，ブロック線で表して図 3.29 に示す。ここに，$G_c(s)$ はコントローラの伝達関数，K_s はフィードバック用センサの感度係数である。また，$G_l(s)$ に含まれる係数は

$$A = L_a(J_m + n^2 J_l), \quad B = (J_m R_a + n^2 J_l R_a + L_a c_m), \quad C = (K_i K_b + R_a c_m)$$

である。

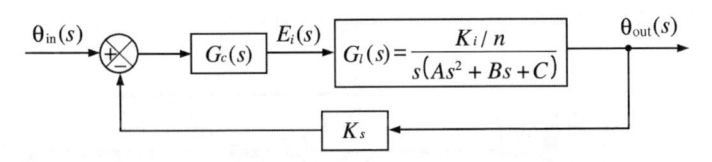

図 3.29 図 2.1 に示すフィードバック制御系のブロック線図

3.5.4 サーボモータによる位置制御表示

サーボモータによる回転運動を直線運動に変換する機械要素として図 3.30 に示す送りねじ機構がある。これは有効径 d_e，つる巻角 θ ($\tan \theta = L/\pi d_e$)，リード L の送りねじによって，回転運動を直線運動に変換する機構である。この場合，ねじに作用するトルク T とねじ面で直線運動に伝達される力 f，およびねじの回転角 θ とナットの移動 x の幾何学関係はつぎのようになる。

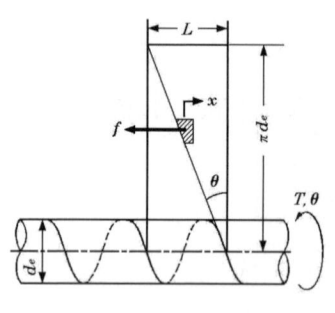

図 3.30 送りねじ機構

$$T = f\frac{d_e}{2}\tan(\theta+\phi) = f\frac{d_e}{2}\frac{L+\mu\pi d_e}{\pi d_e - \mu L} \tag{3.79}$$

$$\theta = \frac{2\pi}{L}x \tag{3.80}$$

ここに，μ はねじ面の摩擦係数であり，通常の油気のある送りねじでは $\mu = 0.11 \sim 0.17$ の値とされている。しかし，ボールねじを用いれば μ は無視できる値となる。その場合は式 (3.79) は次式のように単純化できる。

$$T = \frac{L}{2\pi}f \tag{3.81}$$

そこで，図 1.3 に示した工作機械の位置制御例を取り上げて，**図 3.31** のように変数定義を行った後，システム記述を行ってみよう。サーボモータによる歯車対の駆動までは図 3.28 と同様であるが，ボールねじ送り機構によるテーブル駆動が異なるので，テーブル滑り面の減衰係数 c を考慮したテーブル駆動

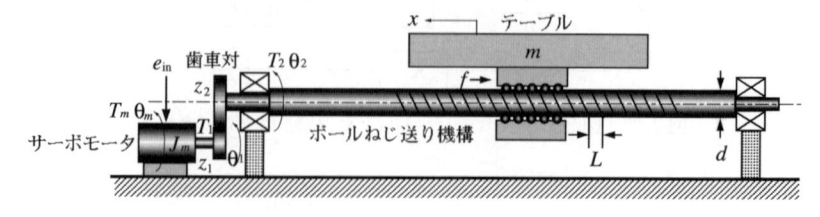

図 3.31 ボールねじを用いた送り機構

力 $f=(ms^2+cs)x$ と駆動トルク T_2 と駆動力 f との関係 $f=(2\pi/L)T_2$ で置換した信号伝達線図で表すと図 3.32 のようになる．

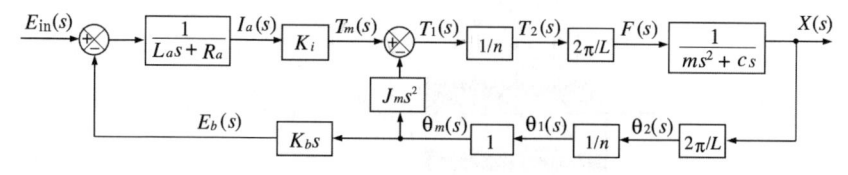

図 3.32 ボールねじによるテーブル位置制御系のブロック線図

ここでもメイソンの公式によって $E_{in} \rightarrow X$ のブロック線図をリダクションして，伝達関数 $G_l(s)$ がつぎのように導かれる．

$$G_l(s) = \frac{X}{E_{in}}(s) = \frac{K_i n(L/2\pi)}{s(As^2+Bs+C)} \quad (3.82)$$

ここに，演算子 s の係数 A, B, C は以下のように定義している．

$$A = L_a[J_m + n^2(L/2\pi)^2 m]$$
$$B = R_a[J_m + n^2(L/2\pi)^2 m] + n^2(L/2\pi)^2 L_a c$$
$$C = [K_i K_b + R_a n^2(L/2\pi)^2 c]$$

式（3.82）と先に導かれたサーボモータによる角度制御の開ループ伝達関数式（3.78）を比較してわかることはつぎの点である．

① 歯車による減速機構が入ると，負荷の慣性モーメントは $n^2(n<1)$ に比例して減少する．

② ボールねじによる減速機構が入ると，慣性質量は $(L/2\pi)^2$ に比例して減少する．

③ 両者を組み合わせれば，$n^2 \times (L/2\pi)^2$ に比例して減少する．

このようにボールねじを用いた送り機構は，減速機構が歯車対に加えてさらに一段加わったことになり，フィードバック制御系のブロック線図も図 3.29 に示すフィードバック制御系のブロック線図と同様に使用できる．

3.5.5 磁気軸受のブロック線図による表示

磁気浮上や磁気軸受の大部分では，電磁石が上下または左右に配置される．

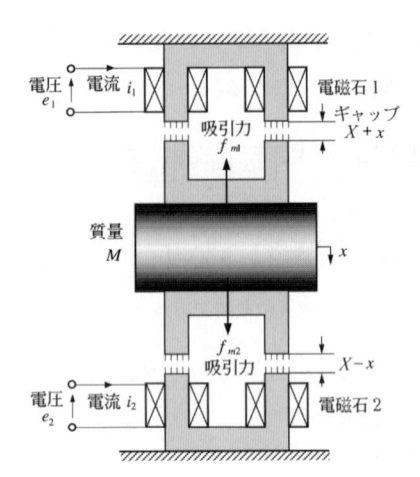

図 3.33 磁気軸受

ここでは，磁気軸受に用いられる電磁石の特性を数式化することを考える。この場合の模式図を**図 3.33**に示す。浮上物体全体の質量をM，電磁石1に作用する電圧をe_1，電流をi_1，吸引力をf_{m1}とし，電磁石2に作用する電圧をe_2，電流をi_2，吸引力をf_{m2}とする。ちょうど中立位置にあるときを基準にして，そこからの変位をxとする。釣合い状態でのギャップをXとすると，ギャップ長hは$h=X-x$で与えられる。したがって，鉄心の磁気抵抗を無視すれば，吸引力f_m，ギャップ長に関してつぎのように表される。

$$f_m = \frac{\mu_0 S (Ni)^2}{4(X-x)^2} \tag{3.83}$$

ここに，μ_0, N, Sはおのおの真空中の磁性体の透磁率，コイルの巻数，磁路の断面積であり，iはコイルを流れる電流を表す。また，インダクタンスLはギャップ長に関してつぎのように表される。

$$L = \frac{\mu_0 N^2 S}{2(X-x)} \tag{3.84}$$

また，電気系の電圧方程式は

$$e_{\text{out}} = Ri + L(x)\frac{di}{dt} + i\frac{\partial L}{\partial x}\frac{dx}{dt} \tag{3.85}$$

となり，第2項が変圧器起電力，第3項が速度起電力を表す。簡単化のために

3.5 応用例

速度起電力項を無視すると次式に簡単化される。

$$e_{\mathrm{out}} = Ri + L\frac{di}{dt} \tag{3.86}$$

フィードバック制御は線形系を対象にしているので，ここでは線形モデルを得るために平衡点近傍で線形近似を行う。電流，変位の微小変化分を改めて i, x と書き直すと吸引力は

$$f_m(t) = k_1 i(t) + k_2 x(t) \tag{3.87}$$

と表される。ただし，この場合の定数，L, k_1, k_2 は所定の平行点近傍における値である。図 3.34 には電磁石の制御電流に対する吸引力特性を示す。制御電流と吸引力との関係を示す k_1 が右上がりの特性に対して，電磁石の力とギャップの関係を示す k_2 が右下がりの特性を示している。これは磁気軸受特有の負ばね特性であり，このままではどちらかの方向に吸引されて不安定となり，何らかの補償なくしては機能しないことを意味する。図 3.33 と図 3.34 の関係をブロック線図で表したものが図 3.35 である。k_2 を含むループがポジティブになっていることに注意されたい。

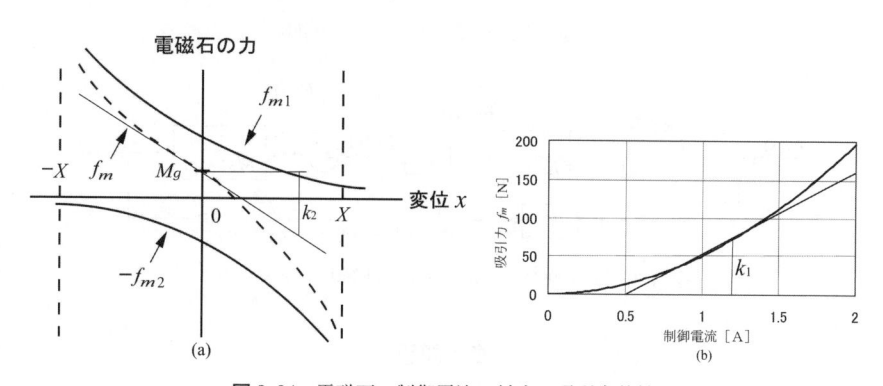

図 3.34 電磁石の制御電流に対する吸引力特性

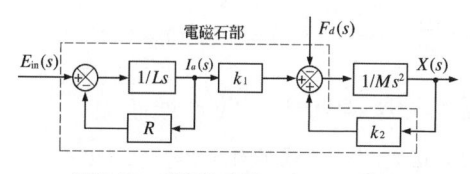

図 3.35 磁気軸受部のブロック線図

そこで，通常とられている方法が，負ばね特性を補償する安定化のために，ロータと電磁アクチュエータとの間のギャップをギャップセンサで検出してコントローラにフィードバックする方法である．その仕組みを**図 3.36** に示す．安定化補償の代表的な方法に位相進み補償がある．安定化補償のためのブロック線図を**図 3.37** に示し，補償器の構成は図 7.21 に例示する．また，この応用例は 9 章で示す．

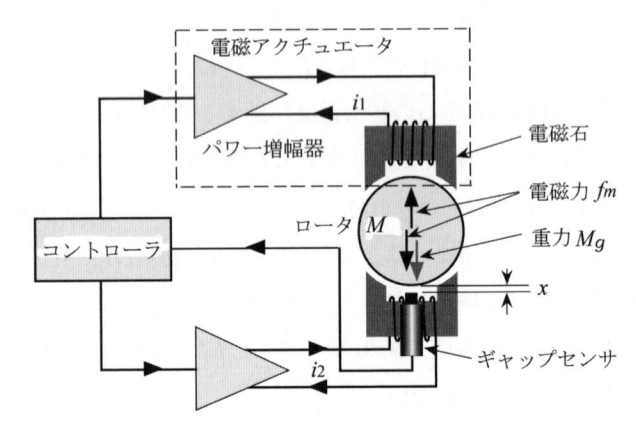

図 3.36 磁気軸受によるロータの制御

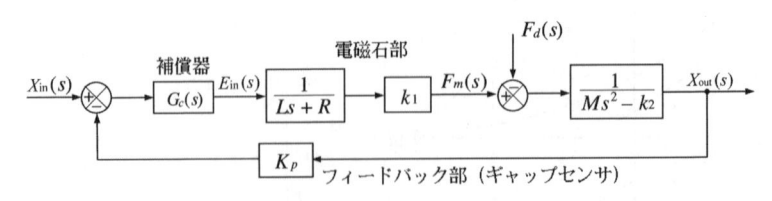

図 3.37 磁気軸受によるロータの制御のブロック線図

[章末問題]

3.1 つぎのラプラス変換を行い，$X(s)$ について解きなさい．

(1) $\dfrac{d^2x}{dt^2}+4\dfrac{dx}{dt}+x=0, \quad x(0)=0, \quad x'(0)=0$

(2) $36\dfrac{d^2x}{dt^2}+x=1, \quad x(0)=0, \quad x'(0)=0$

3.2 つぎの $F(s)$ の逆ラプラス変換 $f(t)$ を求めなさい．

$$F(s) = \frac{10}{(s^2+4s+36)(s+1)}$$

3.3 図 3.38 の電気回路から回路方程式を導き，ブロック線図で示しなさい．

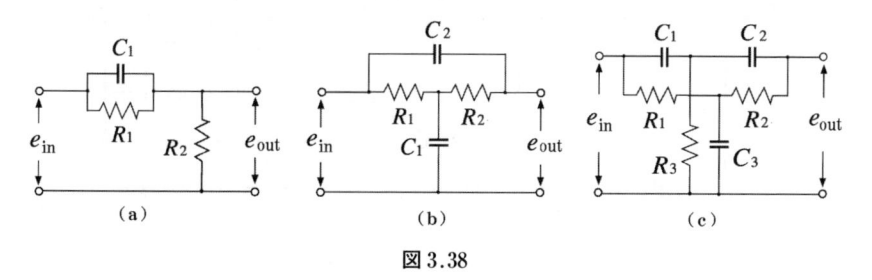

図 3.38

3.4 図 3.39 の機械系の入力 f および x_{in} に対する出力変位 x_1, x_2 の関係を伝達関数で示しなさい．

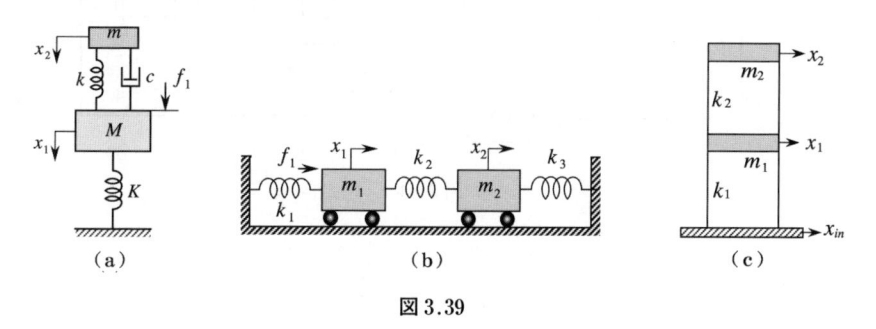

図 3.39

3.5 図 3.40 において第 1 の水槽に入る流入量 q_{in} に対する流出量 q_{out} の関係を信号伝達線図で示しなさい．

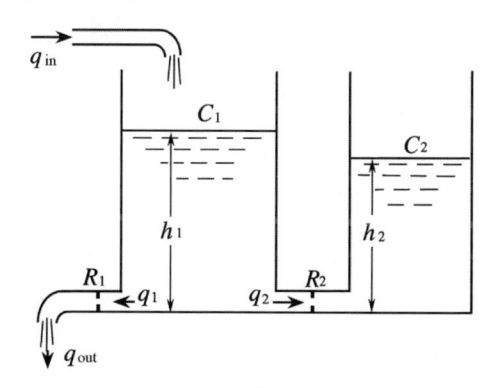

図 3.40

3.6 図 3.41(a), (b) のブロック線図を等価変換し,入出力間の伝達関数を求めなさい。

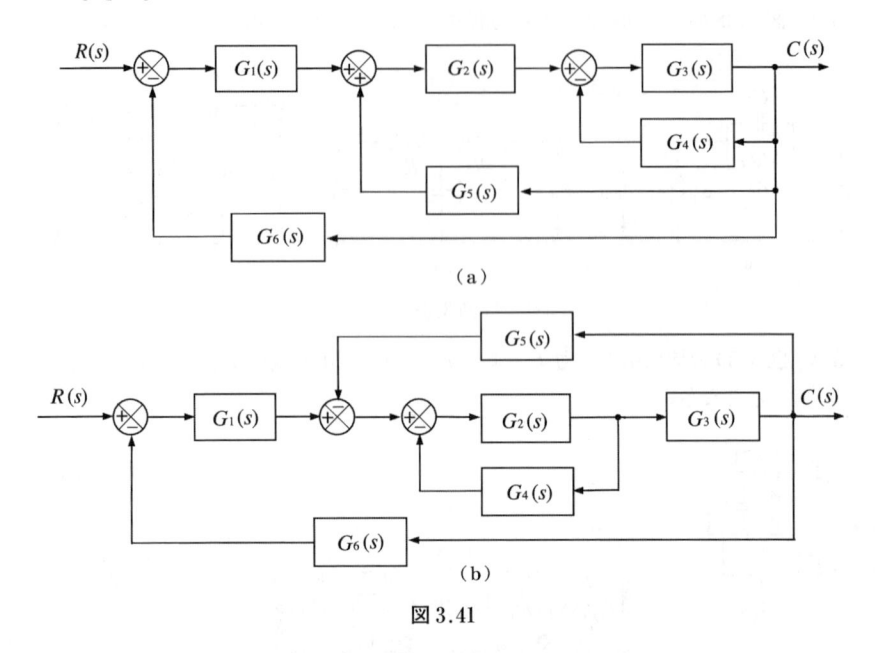

図 3.41

4 伝達関数とその応答

　前章によって記述されたシステムの伝達関数がどのような動的応答を示すかが本章の課題である．その応答は周波数応答と時間応答で示される．1章で述べたように，古典制御における制御系の設計は周波数領域で行われ，おもにボード線図で表されるが，我々が感覚的に認知しやすいのは時間応答であるから，その結果が時間領域でどのような応答になるかを知っておくことは重要である．本章ではその周波数応答と時間応答の対応を示す．

4.1　伝達関数の周波数応答

　伝達関数 $G(s)$ を持つ制御系に正弦波状の繰返し信号が入った場合，その定常応答を**周波数応答**と呼ぶ．例えば，ある制御系の応答波形が**図 4.1** のようであったとする．ある時刻 $t=0$ において急に正弦波状入力が加わると，最初のうちは過渡的な応答が現れる．しかし十分に時間がたつと，その応答は入力と同じ周波数の正弦波状の波形となる．すなわち，入力 $r(t)$ および出力 $c(t)$ は式 (4.1) のように表せる．

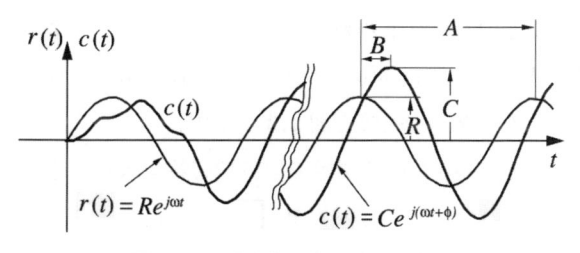

図 4.1　正弦波状入力に対する応答

$$\left.\begin{array}{l} r(t) = Re^{j\omega t} \\ c(t) = Ce^{j(\omega t + \phi)} \end{array}\right\} \quad (4.1)$$

これを**周波数応答**といい，$M=C/R$ を**周波数応答のゲイン**，ϕ を**周波数応答の位相角**という．図 4.1 のような波形で R, C, A, B を測定すれば，ゲイン，位相は次式で与えられる．

$$M = \frac{C}{R}, \quad \phi = -\frac{B}{A} \times 360° \quad (4.2)$$

さて，伝達関数 $G(s)$ の周波数応答を考えよう．伝達関数 $G(s)$ は複素数 $s = \sigma + j\omega$ の関数であるが，これの便利な性質の一つとして $s = j\omega$ を代入すると周波数応答を表すという性質がある．それゆえ，$G(j\omega)$ を**周波数伝達関数**と呼び，$\mathrm{Re}[G(j\omega)]$ および $\mathrm{Im}[G(j\omega)]$ を $G(j\omega)$ の実数部および虚数部とすれば，これと周波数応答のゲイン，位相とはつぎのような関係がある．

$$\left.\begin{array}{ll} \text{ゲイン} & M = |G(j\omega)| = \sqrt{\{\mathrm{Re}[G(j\omega)]\}^2 + \{\mathrm{Im}[G(j\omega)]\}^2} \\ \text{位 相} & \phi = \angle G(j\omega) = \tan^{-1} \dfrac{\mathrm{Im}[G(j\omega)]}{\mathrm{Re}[G(j\omega)]} \end{array}\right\} \quad (4.3)$$

言い換えれば，$G(j\omega)$ はもう一つの複素数であり，これを複素平面 $G(j\omega)$ 上にプロットすると**図 4.2** となる．この図において，原点から $G(j\omega)$ までの距離がゲインを示し，実軸と $G(j\omega)$ のなす角が位相を示す．

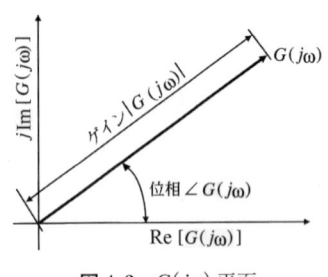

図 4.2 $G(j\omega)$ 平面

周波数応答 $G(j\omega)$ の周波数 ω を $0 \sim \infty$ まで変化させたときの値 $G(j\omega)$ を，複素平面上にプロットしたものを**ベクトル軌跡**という．すなわち，ベクトル軌跡は周波数応答のゲイン $M(\omega)$ と位相 $\phi(\omega)$ を使って極座標表示したものである．代表的な伝達関数とそのベクトル軌跡を**図 4.3** に示す．

【**例題 4.1**】 つぎのような伝達関数の周波数応答を求め，そのベクトル軌跡を示せ．

$$G(s) = \frac{10}{s(s+1)} \quad (4.4)$$

4.1 伝達関数の周波数応答

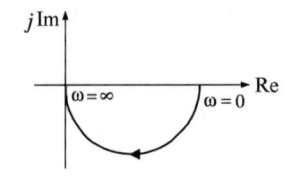

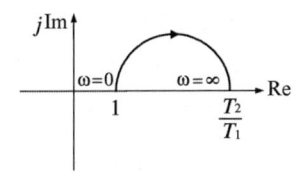

(a) $G(s) = \dfrac{1}{Ts+1}$

(b) $G(s) = \dfrac{T_2 s + 1}{T_1 s + 1}$ $(T_2 > T_1)$

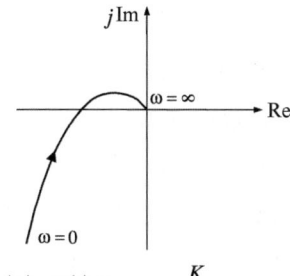

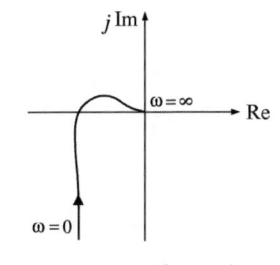

(c) $G(s) = \dfrac{K}{s(T_1 s + 1)(T_2 s + 1)}$

(d) $G(s) = \dfrac{K(T_3 s + 1)}{s(T_1 s + 1)(T_2 s + 1)}$

図 4.3 代表的な伝達関数とそのベクトル軌跡

周波数応答 $G(j\omega)$ およびその実数部，虚数部はつぎのように求められる．

$$G(j\omega) = \frac{10}{j\omega(j\omega+1)} = \frac{10}{-\omega^2+j\omega} = \frac{10(\omega+j)}{-\omega(\omega-j)(\omega+j)}$$

$$= -\frac{10\omega}{\omega^3+\omega} - \frac{10}{\omega^3+\omega}j \tag{4.5}$$

これをゲイン $M(\omega)$ と位相 $\phi(\omega)$ で表す．

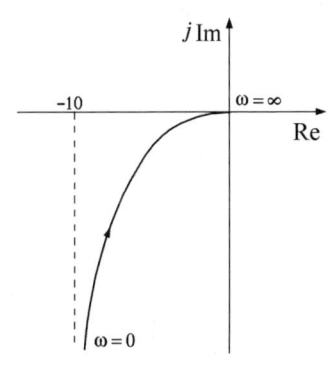

$$\left. \begin{array}{l} M(\omega) = \dfrac{10}{\sqrt{\omega^4+\omega^2}} = \dfrac{10}{\omega\sqrt{\omega^2+1}} \\[2mm] \phi(\omega) = \tan^{-1}\dfrac{1}{\omega} \end{array} \right\} \tag{4.6}$$

したがって，これを図示すれば，**図 4.4** のベクトル軌跡を得る．

図 4.4 ベクトル軌跡

ベクトル軌跡は周波数応答の理論的解析には重要である．例えば，5.4 節に示すナイキ

ストの安定判別法のように，負の周波数に対する応答（正の周波数に対する応答と共役となる）を表示したり，制御系の安定限界を理論的に求めたりできる。欠点は伝達関数から簡単に精度良くベクトル軌跡を求めにくいことである。実用的にはつぎに示すボード線図が広く使われる。

4.2 ボード線図

　周波数応答をベクトル軌跡で表示することは直観的に判断しにくい欠点がある。そこでゲイン曲線と位相曲線を縦軸に，周波数を横軸に，二つの曲線で表すことが考えられる。**ボード線図**（Bode plot）は 1930 年代にヘドリック・W・ボードによって考案された。片対数方眼紙上に，周波数（横軸）を対数目盛，縦軸にゲインを dB（デシベル，$20 \log M(\omega)$）および位相を度 [deg] で表したもので，広く使われている。しかも伝達関数を因数分解し基本要素の積の形に表すと，全体のゲイン曲線および位相曲線は，それらのおのおのの要素の曲線の和として表現できるという便利な特性がある。いま，一般的な伝達関数として

$$G(s) = \frac{K \prod_{l=1}^{m}(s+z_l)}{\prod_{i=1}^{n}(s+p_i)} \tag{4.7}$$

を考えよう。この伝達関数の周波数応答のゲイン [dB] および位相 [deg] は次式で与えられる。

$$\begin{aligned}
\text{ゲイン} \quad M(\omega)[\text{dB}] &= 20 \log |G(j\omega)| \\
&= 20 \log K + \sum_{l=1}^{m} 20 \log |j\omega+z_l| + \sum_{i=1}^{n} 20 \log \left|\frac{1}{j\omega+p_i}\right|
\end{aligned} \tag{4.8}$$

$$\begin{aligned}
\text{位　相} \quad \phi(\omega)[\text{deg}] &= \angle G(j\omega) \\
&= \angle K + \sum_{l=1}^{m} \angle (j\omega+z_l) + \sum_{i=1}^{n} \angle \left(\frac{1}{j\omega+p_i}\right)
\end{aligned} \tag{4.9}$$

4.2 ボード線図

したがって，1次系あるいは2次系の各要素のボード線図がわかれば，全体のボード線図は，これらの図上での加算として得ることができる．

〔1〕 **定数**：$G(s)=K$

定数のゲインは $20\log K$，位相は $0°$ であるから，**図 4.5** のようなボード線図で与えられる．

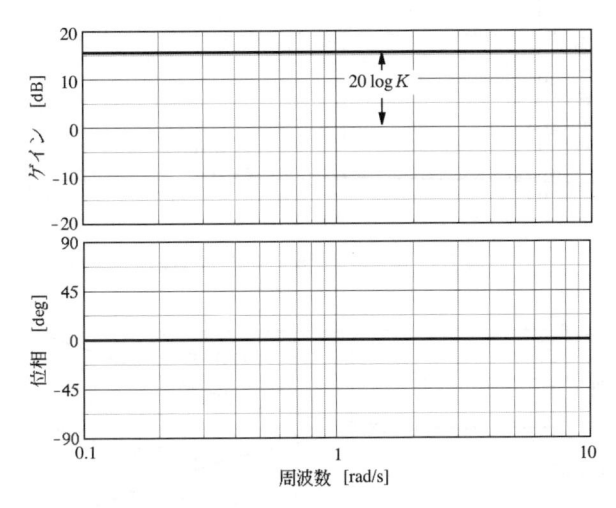

図 4.5 定数 $G(s)=K$ のボード線図

〔2〕 **微分および積分**：$G(s)=s$ および $G(s)=1/s$

微分要素のゲイン，位相特性は $20\log\omega$，$+90°$ であり，積分要素のゲイン，位相特性は $-20\log\omega$，$-90°$ である．**図 4.6** に，それぞれのボード線図が与えられている．

〔3〕 **1次進みおよび遅れ要素**：$G(s)=Ts+1$ および $G(s)=\dfrac{1}{Ts+1}$

1次進み要素のゲイン，位相特性は $20\log\sqrt{T^2\omega^2+1}$，$\tan^{-1}T\omega$ であり，1次遅れ要素のゲイン，位相特性は $-20\log\sqrt{T^2\omega^2+1}$，$-\tan^{-1}T\omega$ である．1次要素のボード線図は**図 4.7** に与えられる．なお $\omega\ll 1/T$ ではゲイン曲線の漸近線は $0\,\mathrm{dB}$，$\omega\gg 1/T$ でのゲインの漸近線は $\pm 20\,\mathrm{dB/dec}$．（デシベル／デカード，1デカードは10倍の周波数であり，これは10倍ごとに $\pm 20\,\mathrm{dB}$ の傾

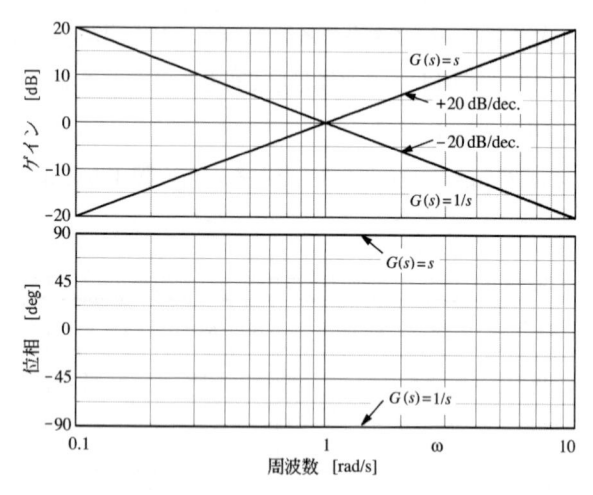

図 4.6 微分および積分のボード線図

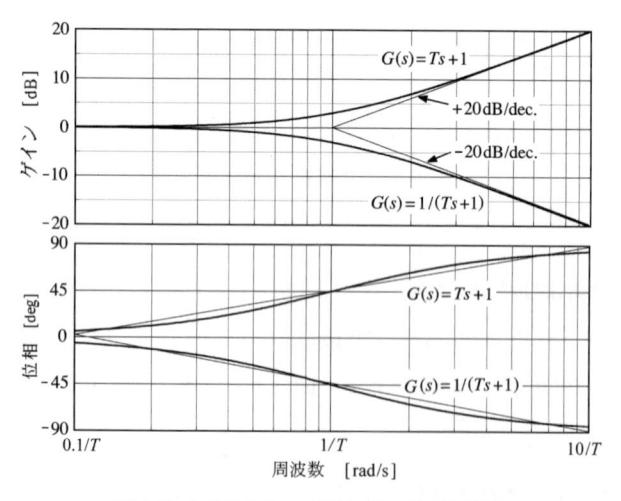

図 4.7 1次進みおよび遅れ系のボード線図

き)の傾斜となる。$\omega=1/T$の周波数では漸近線の交点(0 dBライン)より±3 dB離れる。位相特性は$\omega \ll 1/T$では0°,$\omega=1/T$では±45°,$\omega \gg 1/T$では±90°となる。ただし,図示しているように,$\omega=1/T$前後での位相の変化は$1/10T$から$10/T$まで,ゆるやかな変化をする。この区間を直線近似する場合は,$1/10T$で0°の点と$10/T$で±90°の点を直線で結び,$\omega<1/10T$は

4.2 ボード線図   53

$0°$ の線, $\omega>10/T$ は $\pm 90°$ の線で近似できる。

〔4〕 **2次系（2次遅れ）要素**: $G(s) = \dfrac{\omega_n^2}{s^2 + 2\zeta\omega_n s + \omega_n^2}$

2次系要素とは共役複素数根を持つ場合で，一般に $1 \geqq \zeta \geqq 0$, $\omega_n > 0$ である。2次進み要素 $G(s) = (s/\omega_n)^2 + (2\zeta/\omega_n)s + 1$ も考えられるが，制御系にそれほど多く現れる要素ではないが，もし現れたとしても2次遅れ要素の逆として扱えるので省略する。2次遅れ要素は振動的な制御系には必ず現れる要素で，そのゲインおよび位相特性は次式で与えられ，**図4.8**に示される。

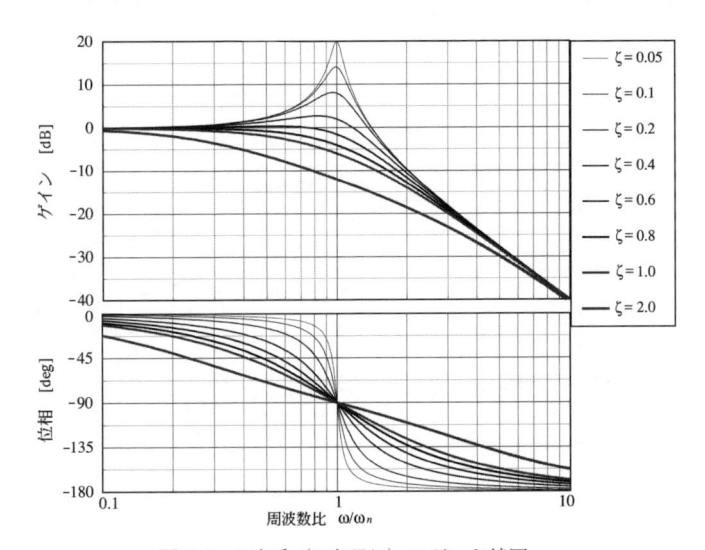

図4.8　2次系（2次遅れ）のボード線図

$$\left. \begin{array}{l} \text{ゲイン} \quad \mathrm{dB} = 20 \log |G(j\omega)| = -20 \log \sqrt{\left(1 - \dfrac{\omega}{\omega_n}\right)^2 + \left(\dfrac{4\zeta^2\omega^2}{\omega_n^2}\right)} \\ \text{位　相} \quad \deg = \angle G(j\omega) = -\tan^{-1} \dfrac{2\zeta\omega/\omega_n}{1 - (\omega/\omega_n)^2} \end{array} \right\}$$

(4.10)

この伝達関数のボード線図は，無減衰固有振動数 ω_n によって左右に移動するのみならず，減衰率 ζ によってその形が大きく変化する。ゲイン曲線の漸近線

は $\omega \ll \omega_n$ で $0\,\mathrm{dB/dec.}$, $\omega \gg \omega_n$ では $-40\,\mathrm{dB/dec.}$ である。

【例題 4.2】 つぎの伝達関数を因数分解し，各要素の周波数応答より全体の伝達関数のボード線図を求めなさい。

$$G(s) = \frac{1\,000}{s^3 + 60s^2 + 500s} \tag{4.11}$$

伝達関数を分解するとつぎのように分けられる。

$$G(s) = \frac{1\,000}{s(s+10)(s+50)} = 2 \cdot \frac{1}{s} \cdot \frac{1}{0.1s+1} \cdot \frac{1}{0.02s+1} \tag{4.12}$$

それゆえ，各要素のボード線図 $2, 1/s, 1/(0.1s+1), 1/(0.02s+1)$ を描き，合成すると，**図 4.9** のように全体のボード線図が求まる。

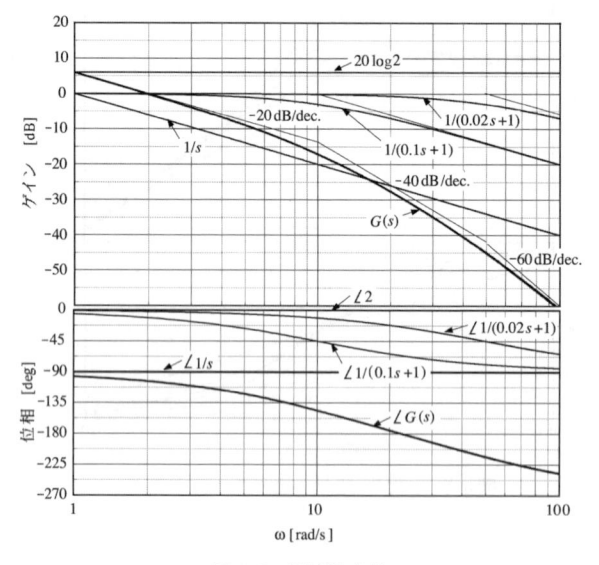

図 4.9　周波数応答

4.3　伝達関数のインパルス応答

インパルス（単位パルス）$\delta(t)$ とは，時刻 $t=0$ に存在する単位の強さを持った理想的なパルスである。すなわち

4.3 伝達関数のインパルス応答

$$\left.\begin{array}{l}\delta(t)=0, \quad t\neq 0 \\ \int_{-\infty}^{\infty}\delta(t)dt=1\end{array}\right\} \quad (4.13)$$

で与えられる．これは $t=0$ における幅 $=0$，高さ $=\infty$ のパルスを表し，しかもそのパルスの面積は1である．このようなパルスは実際には作れない（高さ ∞ はあり得ない）が，**図 4.10** のような有限幅のパルスで近似し，高さを可能な限り高くすれば，ほぼインパルスに等しいと考えられる．実験では，例えばサーボ機構の外乱に対する応答を簡単に試験する場合，サーボ系の負荷をハンマでたたいて外乱の近似パルスとし，応答を記録するといった方法がとられる．

インパルス信号のラプラス変換を考えよう．定義からつぎのような計算式が成立する．

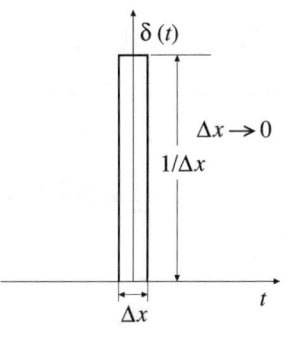

図 4.10 近似インパルス

$$\mathcal{L}[\delta(t)]=\int_{-\infty}^{\infty}\delta(t)\,e^{-st}dt=\lim_{\varepsilon\to\infty}\left[\int_{-\varepsilon}^{+\varepsilon}\delta(t)e^{-st}dt+\int_{+\varepsilon}^{\infty}\delta(t)e^{-st}dt\right] \quad (4.14)$$

ここで，ε を零に近づけたとき，$+\varepsilon<t<\infty$ の領域で $\delta(t)=0$ であり，$-\varepsilon<t<+\varepsilon$ の領域で e^{-st} は一定値 e^{-s0} と考えられるから

$$\mathcal{L}[\delta(t)]=\lim_{\varepsilon\to\infty}\int_{-\varepsilon}^{\varepsilon}\delta(t)e^{-st}dt=e^{0}\lim_{\varepsilon\to\infty}\int_{-\varepsilon}^{\varepsilon}\delta(t)dt=1 \quad (4.15)$$

が得られる．すなわち，インパルスのラプラス変換は1であり，このことはつぎに述べるようにインパルス応答が重要な意味を持つ理由である．

図 4.11 に示すように，制御系 $G(s)$ の入力にインパルスが加わった場合の応答（インパルス応答）を考えよう．伝達関数の関係と $R(s)=\mathcal{L}[\delta(t)]=1$ から

図 4.11 インパルス状入力に対する応答

$$C(s) = R(s)G(s) = G(s) \tag{4.16}$$

である。これを逆ラプラス変換してインパルス応答が求まる。

$$c(t) = \mathcal{L}^{-1}[G(s)] = g(t) \tag{4.17}$$

インパルス応答は伝達関数の逆ラプラス変換であり，これを**重み関数**ともいう。

伝達関数を使って入出力関係は $C(s) = R(s)G(s)$ の掛け算で与えられるが，時間領域ではこれはどのように与えられるであろうか。入力 $r(t)$ と重み関数 $g(t)$ を使って，出力 $g(t)$ はつぎの畳込み積分で与えられる。

$$c(t) = \int_0^t r(\tau)g(t-\tau)d\tau = \int_0^t g(\tau)r(t-\tau)d\tau \equiv g(t) * r(t) \tag{4.18}$$

ここで，$*$ は $g(t)$ と $r(t)$ の畳込み積分を表す記号である。この式はつぎのようなことを意味する。**図4.12**のようにある入力信号 $r(t)$ が制御系に入ったと考えよう。この入力信号は時刻 τ における無限小幅 $\Delta\tau$ での微分パルス $\Delta\tau\, r(\tau)\delta(t-\tau)$ が連続して起こっているものと考えられる。このパルスに対する応答は，微小パルスの強さ $\Delta\tau r(\tau)$ と，$t=\tau$ で始まるインパルス応答 $g(t-\tau)$ の積 $\Delta\tau\, r(\tau)g(t-\tau)$ で与えられる。したがって，時刻 t における出力応答 $c(t)$ は，この微小パルス応答を 0 から t まで積分した値であり，つぎのように変形できる。

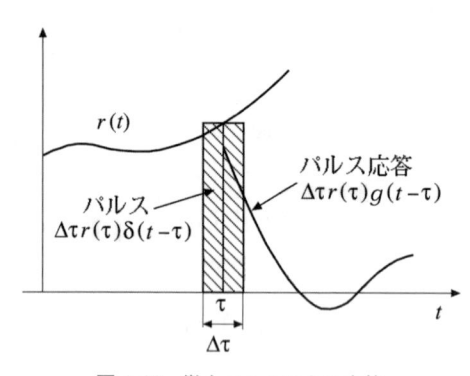

図4.12 微小パルスによる応答

$$c(t) = \lim_{\substack{\Delta\tau \to 0 \\ N \to \infty}} \sum_{i=1}^{N} \Delta\tau r(\tau)g(t-\tau) = \int_0^t r(\tau)g(t-\tau)d\tau \tag{4.19}$$

【**例題 4.3**】 つぎの1次遅れおよび2次系の伝達関数のインパルス応答を求め，図示せよ。

$$G_1(s) = \frac{1}{Ts+1}, \quad G_2(s) = \frac{\omega_n^2}{s^2 + 2\zeta\omega_n s + \omega_n^2} \tag{4.20}$$

インパルス応答は伝達関数の逆ラプラス変換であるから，付録1.より次式を得る。

$$g_1(t)=\frac{1}{T}e^{-(t/T)}, \quad g_2(t)=\frac{\omega_n}{\sqrt{1-\zeta^2}}e^{-\zeta\omega_n t}\sin\omega_n\sqrt{1-\zeta^2}\,t \quad (4.21)$$

これを図示すると**図 4.13** のようになる。

(a)

(b)

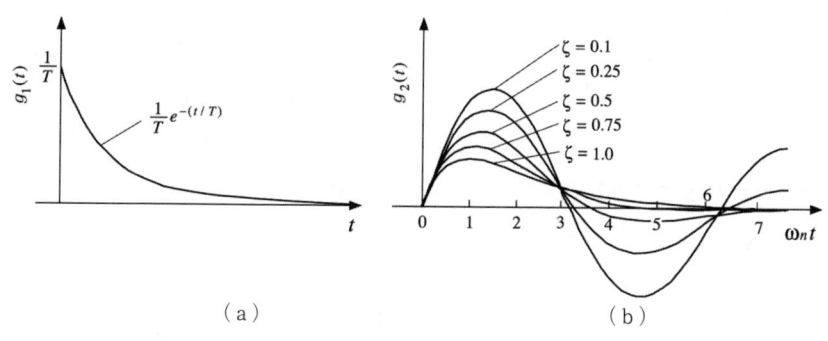

図 4.13 インパルス応答

4.4 伝達関数のステップ応答

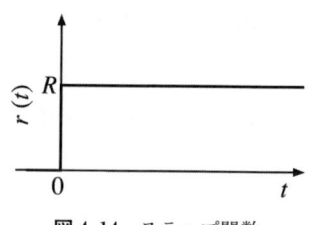

図 4.14 ステップ関数

制御系をテストする入力信号としてしばしば使用される信号に，いままでに述べてきたほかにステップ関数，ランプ関数，パラボリック関数などがある。

【**ステップ関数**】 ステップ関数は，**図 4.14** と式（4.22）で与えられる。

$$r(t)=Ru(t)=\begin{cases}R, & t>0 \\ 0, & t<0\end{cases} \quad (4.22)$$

ここで，$u(t)$ を単に**ステップ関数**といい，つぎのように定義される。

$$u(t)=\int_{-\infty}^{t}\delta(t)dt=\begin{cases}1, & t>0 \\ 0, & t<0\end{cases} \quad (4.23)$$

単位ステップ関数のラプラス変換は $1/s$ である。

$$\mathcal{L}[u(t)] = \int_0^\infty u(t)e^{-st}dt = \int_0^\infty e^{-st}dt = \frac{1}{s} \tag{4.24}$$

【ランプ関数】 ランプ（速度）関数は図 4.15 と式（4.25）で与えられる。

$$r(t) = Rtu(t) = \begin{cases} Rt, & t>0 \\ 0, & t<0 \end{cases} \tag{4.25}$$

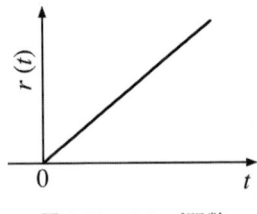

図 4.15 ランプ関数

単位ランプ関数のラプラス変換は $1/s^2$ である。

【パラボリック関数】 パラボリック（加速度）関数は図 4.16 と式（4.26）で与えられる。

$$r(t) = \frac{1}{2}Rt^2 u(t) = \begin{cases} \frac{1}{2}Rt^2, & t>0 \\ 0, & t<0 \end{cases} \tag{4.26}$$

単位パラボリック関数のラプラス変換は $1/s^3$ である。

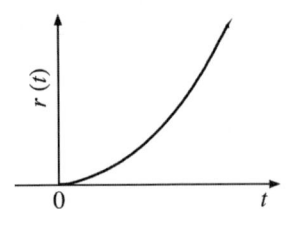

図 4.16 パラボリック（加速度）関数

これらの信号のうち特に重要であり，実用的なのはステップ関数である。例えば，図 1.3 に示した位置決めサーボ機構の入力信号としてステップ関数を入れるということは，ある時刻 $t=0$ にサーボ機構の位置 $c(t)$ を 0 から R へなるべく速く移動せよということであり，この応答（ステップ応答）によって制御系の追従の速さや精度が評価できる。単位ステップ入力による出力応答を**インディシャル応答**ということもある。

一般に，伝達関数 $G(s)$ の分母がつぎのように因数分解され，1次系と 2 次系要素の積であると考える。

$$G(s) = \frac{K(s^m + a_1 s^{m-1} + \cdots + a_{m-1}s + a_m)}{\prod_{i=1}^{k}(s+p_i) \prod_{j=1}^{l}(s^2 + 2\zeta_j \omega_j s + \omega_j^2)} \tag{4.27}$$

この伝達関数の入力に単位ステップが入った応答，すなわちインディシャル応答を求める。

4.4 伝達関数のステップ応答

$$c(t) = \mathcal{L}^{-1}[R(s)G(s)] = \mathcal{L}^{-1}\left[\frac{1}{s}G(s)\right]$$
$$= \mathcal{L}^{-1}\left[\frac{K(s^m + a_1 s^{m-1} + \cdots + a_{m-1}s + a_m)}{s\prod_{i=1}^{k}(s+p_i)\prod_{j=1}^{l}(s^2 + 2\zeta_j\omega_j s + \omega_j^2)}\right] \quad (4.28)$$

これを部分分数展開し,逆ラプラス変換するとつぎのように求まる.

$$c(t) = \mathcal{L}^{-1}\left[\frac{A}{s} + \sum_{i=1}^{k}\frac{B_i}{s+p_i} + \sum_{j=1}^{l}\frac{C_j s + D_j}{s^2 + 2\zeta_j\omega_j s + \omega_j^2}\right]$$
$$= Au(t) + \sum_{i=1}^{k}B_i e^{-p_i t} + \sum_{j=1}^{l}E_j e^{-\zeta_j\omega_j t}\sin(\sqrt{1-\zeta_j^2}\,\omega_j t + \phi_j) \quad (4.29)$$

ここで

$$E_j = \sqrt{\frac{D_j^2 - 2C_j\zeta_j\omega_j + C_j^2\omega_j^2}{(1-\zeta_j^2)\omega_j^2}}, \quad \phi_j = \tan^{-1}\frac{C_j\omega_j\sqrt{1-\zeta_j^2}}{D_j - C_j\zeta_j\omega_j}$$

すなわち,伝達関数の実根 $s_i = -p_i$ あるいは複素根 $s_j, s_{j+1} = -\zeta_j\omega_j \pm \omega_j\sqrt{\zeta_j^2 - 1}$ が求まれば,そのおのおのの過渡応答の線形和として全体の応答式 (4.29) が求まる.それゆえ,各特性根とそれに対応するステップ応答を考えよう.

〔1〕 1次系のステップ応答

1次系の伝達関数

$$G(s) = \frac{1}{Ts+1} \quad (4.30)$$

のステップ応答は,つぎのように求まる.

$$c(t) = 1 - e^{-(t/T)} \quad (4.31)$$

この場合の特性根の位置とステップ応答を図示すると,**図 4.17** のようになる.

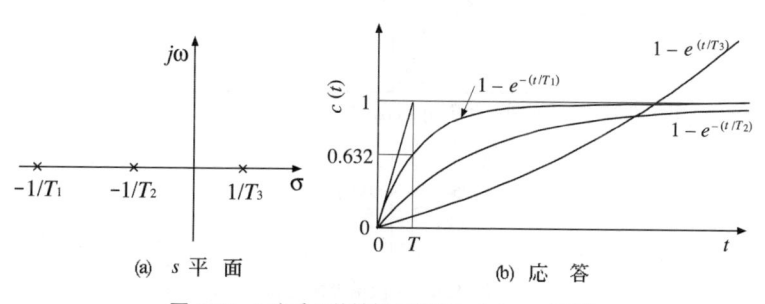

図 4.17 1次系の特性根の位置とステップ応答

1次系の特徴は,時刻 $t=0$ からの応答の立上りの接線と定常状態に達したときの接線との交点までの時間 $t=T$ が,1次系の伝達関数の定数 T と一致することである。この T を**時定数**と呼び,1次系の特性はこの時定数で代表される。1次系の応答の特徴は,定常状態に達するまで時間が掛かることであるから,測定によって時定数を得ようとすれば,定常状態の63.2%に達する時刻をもってすればよい。1次系の応答は,根が s 平面上の右半面にある場合は不安定(無限に増加する応答),左半面にある場合は安定であり,かつ原点より遠い根の方が応答が速い。

〔2〕 2次系のステップ応答

2次系の伝達関数は,一般につぎの二つの標準形で表される。

$$G(s) = \frac{\sigma^2 + \omega^2}{s^2 + 2\sigma s + \omega^2} = \frac{\omega_n^2}{s^2 + 2\zeta\omega_n s + \omega_n^2} \tag{4.32}$$

ここで,$-\sigma$ および ω は特性根の実数部および虚数部である。しかし,2次系の伝達関数を表すには,つぎのように定義される ζ, ω_n を使う方が便利である。

$$\zeta = \frac{\sigma}{\sqrt{\sigma^2 + \omega^2}} : 減衰率$$

$$\omega_n = \sqrt{\sigma^2 + \omega^2} : 無減衰共振周波数$$

この二つのパラメータを使って根の位置を表すと,**図4.18**のようになる。ω_n

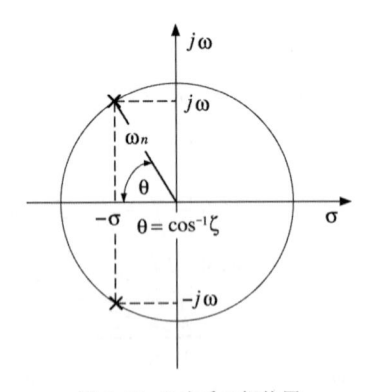

図4.18 2次系の根位置

4.4 伝達関数のステップ応答　　　　　61

は原点から根までの距離を表し，$\theta = \cos^{-1}\zeta$ は複素根と実軸のなす角度を表す。応答波形では，ω_n は応答（またはその振動数）が速いか遅いかを，ζ は応答（またはその振動）の減衰が良いか悪いかを示す。特に，減衰率 ζ の値によって，2次系はつぎのように分類される。

　　$\zeta < 0$：不安定 unstable　（**図 4.19**（c）参照）
　　$\zeta = 0$：無減衰 undamped　（図 4.19（b）参照）
　　$1 > \zeta > 0$：不足減衰 under damping　（図 4.19（a）参照）
　　$\zeta = 1$：臨界減衰 critical damping　（重根）
　　$\zeta > 1$：過減衰 over damping　（2実根）

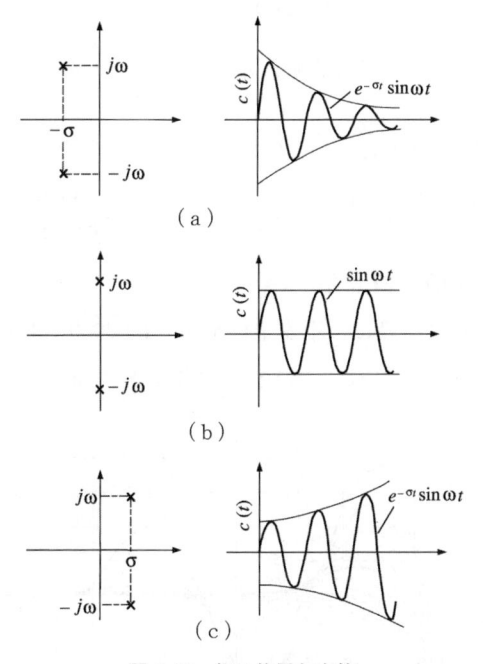

図 4.19　根の位置と応答

2次系の根の位置とそのインパルス応答の概略は図 4.19 のように与えられ，根の位置と応答が比較できる。不安定根を除いた $\zeta \geqq 0$ におけるインパルス応答の詳細は**図 4.20** のようになる。

　2次系の伝達関数のステップ応答は，$C(s) = R(s)G(s) = (1/s)G(s)$ の逆ラプ

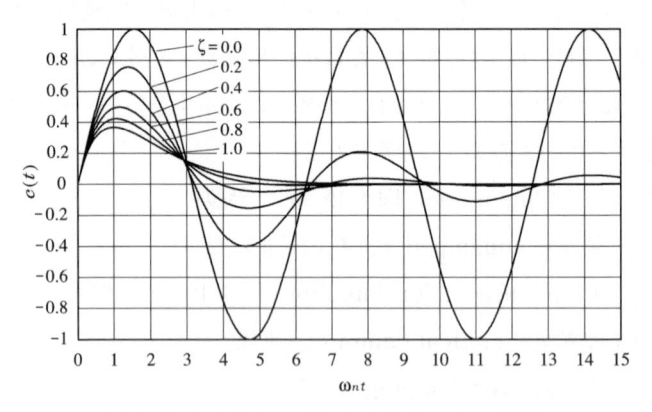

図 4.20　2次系の $\zeta \geqq 0$ におけるインパルス応答

ラス変換によってつぎのように得られる.

$$c(t) = \mathcal{L}^{-1}\left[\frac{\omega_n^2}{s(s^2+2\zeta\omega_n s+\omega_n^2)}\right]$$

$$= 1 - \frac{e^{-\zeta\omega_n t}}{\sqrt{1-\zeta^2}}\sin\left[\omega_n\sqrt{1-\zeta^2}\,t+\tan^{-1}\frac{\sqrt{1-\zeta^2}}{\zeta}\right] \quad (4.33)$$

このステップ応答を図 4.21 に示す.

2次系の伝達関数は一般には不安定根を除く $1>\zeta>0$ であり，その応答には**オーバシュート**が存在する．この応答の極大値および極小値を持つ時間

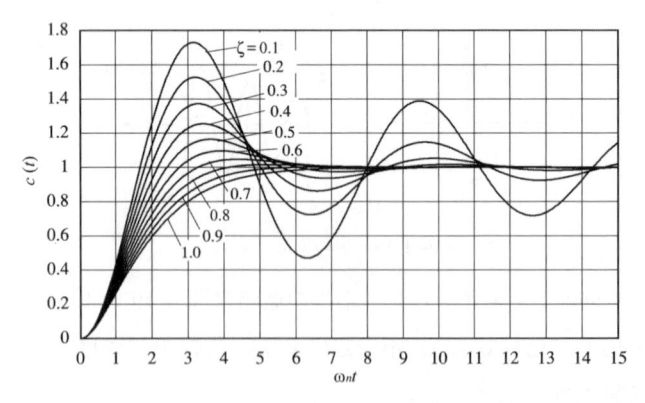

図 4.21　2次系のステップ応答

$t_{\text{max or min}}$ は

$$t_{\text{max or min}} = \frac{n\pi}{\omega_n\sqrt{1-\zeta^2}} \quad (n=1, 2, 3, \cdots) \tag{4.34}$$

で与えられ，そのときの極大値および極小値はつぎのようになる。

$$c(t)|_{\text{max or min}} = 1 + (-1)^{n-1} e^{-n\pi t/\sqrt{1-\zeta^2}} \tag{4.35}$$

それゆえ，オーバシュートと呼ばれる最大の行過ぎ量 c_{pt} は次式で与えられる。

$$c_{pt} = c_{\text{max}} - 1 = e^{-\pi\zeta/\sqrt{1-\zeta^2}} \tag{4.36}$$

これは減衰率 ζ のみの関数で，図 4.22 のように求まる。この図より 2 次系を設計する場合，仕様で定められた行過ぎ量になるように適当な減衰率を決めることができる。

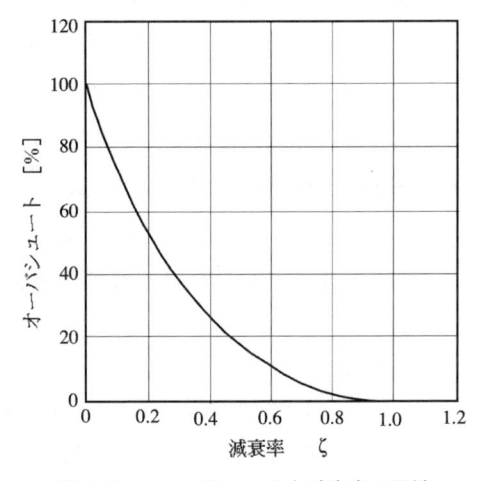

図 4.22 オーバシュートと減衰率の関係

4.5 定常誤差定数

図 4.23 のような単一フィードバック制御系を考えよう。3.2 節の伝達関数を式 (3.35) で表示したが，ここでは s^0 に関する分子分母の係数を 1 とするようにゲイン K を導入し，分母を s^i でくくって変形し，式 (4.37) のように表示しておこう。

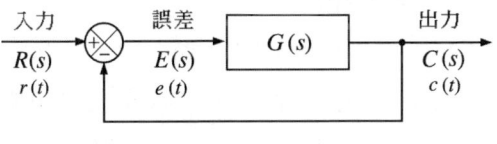

図 4.23 単一フィードバック制御系

$$G(s) = K\frac{(b_0/b_m)s^m + (b_1/b_m)s^{m-1} + \cdots + (b_{m-1}/b_m)s + 1}{s^i[(a_0/a_n)s^{n-i} + (a_1/a_n)s^{n-1-i} + \cdots + (a_{n-1-i}/a_n)s + 1]}$$

$$= K\frac{(1 + B_1 s + B_2 s^2 + \cdots)}{s^i(1 + A_1 s + A_2 s^2 + \cdots)} \tag{4.37}$$

フィードバック制御系では，$i=0$ のときを **0 型の系**，$i=1$ を **1 型の系**，$i=3$ を **2 型の系**と呼んでいる。プロセス制御では $i=0$ の場合が一般的なのに対して，サーボ機構では $i=1$ の場合が一般的である。しかし，3 型以上は次章で扱う安定な制御系実現が難しいので，実用上 2 型止まりである。この制御系は出力 $c(t)$ を入力 $r(t)$ とまったく等しく追従させることが目標である。少なくとも時間が十分に経過した場合，誤差 $e(t) = r(t) - c(t)$ は零になって欲しい。

しかし，必ずしもそうはならず，誤差が残る。この値 $\lim_{t \to \infty} e(t)$ を**定常誤差** e_{ss} という。また，入力 $R(s)$ より誤差 $E(s)$ を求める伝達関数を**誤差伝達関数**という。

$$\frac{E(s)}{R(s)} = \frac{1}{1 + G(s)} \tag{4.38}$$

こうすると，定常誤差はラプラス変換の最終値の定理式（3.15）を使って，つぎのようになる。

$$\lim_{t \to \infty} e(t) = \lim_{s \to 0} sE(s) = \lim_{s \to 0} \frac{sR(s)}{1 + G(s)} = \frac{sR(s)}{1 + K/s^i} \tag{4.39}$$

定常誤差は入力関数によって異なる。例えば，通常のサーボ機構（開ループで積分特性を一つ含む $i=1$ の系）では，ステップ入力に対しては定常誤差は零，ランプ入力に対してはある値の定常誤差であるが，パラボリック入力に対しては無限の定常誤差を持つ。各入力関数に対する応答および定常誤差の概略を**図 4.24** に示す。

〔1〕 **ステップ入力と位置誤差**

式（4.37）で示した伝達関数 $G(s)$ に関して，入力にステップ関数 $R(s) = k/s$ が加わった場合，定常誤差はつぎのように表される。

$$\lim_{t \to \infty} e(t) = \lim_{s \to 0} s \frac{1}{1 + G(s)} \frac{k}{s} = \frac{k}{1 + K/s^i} \tag{4.40}$$

4.5 定常誤差定数

(a) ステップ入力に対する応答（$i=0$ の場合）

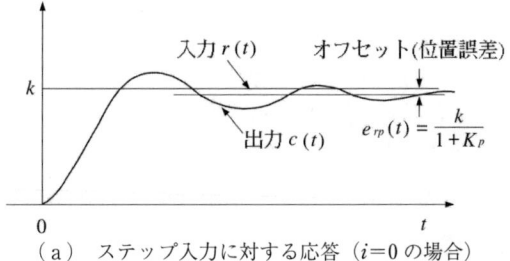

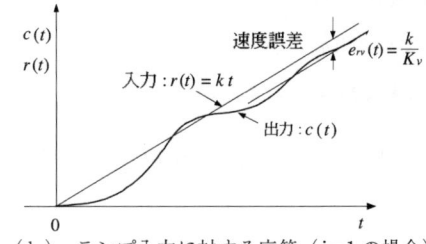

(b) ランプ入力に対する応答（$i=1$ の場合）

(c) パラボリック入力に対する応答（$i=2$ の場合）

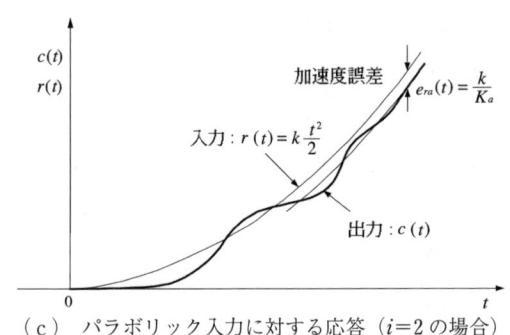

図 4.24 入力関数と定常誤差のかかわり

ここで，$i=0$ の 0 型の系であれば，定常誤差 e_{rp} は式 (4.41) となり，この誤差を特に**オフセット**と呼び，ステップ入力に対する応答の概略を図 4.24（a）に示す．

$$e_{rp}(t) = \frac{k}{1+K_p} \tag{4.41}$$

この $K \to K_p$ とした K_p を**位置誤差定数**といい，次式で与えられる．

$$K_p = \lim_{s \to 0} G(s) \tag{4.42}$$

$i \geq 1$ では

$$e_{rp} = \lim_{s \to 0} \frac{k}{1 + \dfrac{K(1+B_1 s + \cdots)}{s^i(1+A_1 s + \cdots)}} = \frac{k}{\infty} = 0 \tag{4.43}$$

のように定常誤差は0となる。一般のサーボ機構は1型を構成しているので，位置誤差は構造的に零である。

〔2〕 **ランプ入力と速度誤差**

式（4.37）で示した伝達関数 $G(s)$ に関して，入力にランプ関数 $R(s) = k/s^2$ が加わった場合，**定常速度誤差** e_{rv} は次式によって表される。

$$e_{rv} = \lim_{t \to \infty} e(t) = \lim_{s \to 0} s \frac{1}{(1+G(s))} \frac{k}{s^2} = \lim_{s \to 0} \frac{k}{s + sG(s)} = \lim_{s \to 0} \frac{k}{s^{1-i} K} \tag{4.44}$$

これが**速度誤差**である。$i=0$ では速度誤差は ∞ となるので，この場合はランプ入力には追従できないことがわかる。この $K \to K_v$ とした K_v を**速度誤差定数**といい，次式で与えられる。

$$K_v = \lim_{s \to 0} sG(s) \tag{4.45}$$

$i=1$ では一定値 k/K_v となる。

$$e_{rv} = \lim_{t \to \infty} e(t) = \frac{k}{K_v} \tag{4.46}$$

この応答の概略を図4.24（b）に示す。

$i \geq 2$ では

$$e_{rp} = \lim_{s \to 0} s \frac{k}{s^2 + \dfrac{s^2 K(1+B_1 s + \cdots)}{s^i(1+A_1 s + \cdots)}} = 0 \tag{4.47}$$

となり，定常誤差は零となる。

〔3〕 **加速度入力と加速度誤差定数**

さらに，式（4.37）で示した伝達関数 $G(s)$ に関して，入力にパラボリック関数 $R(s) = k/s^3$ が加わった場合，定常加速度誤差 e_{ra} は式（4.48）で求まる。

$$e_{ra} = \lim_{t \to \infty} e(t) = \lim_{s \to 0} s \frac{1}{(1+G(s))} \frac{k}{s^3} = \lim_{s \to 0} \frac{k}{s^2 G(s)} = \frac{k}{K_a} \qquad (4.48)$$

ここで，K_a は**加速度誤差定数**と呼ばれ，次式で与えられる．

$$K_a = \lim_{s \to 0} s^2 G(s) \qquad (4.49)$$

0 型および 1 型の系では加速度誤差は ∞ となるので，パラボリック入力には追従できない．2 型の系では一定の加速度誤差で追従する．この応答を図 4.24（c）に示す．

以上をまとめて，定常誤差と制御系の型の関係を**表 4.1** に示す．

表 4.1 定常誤差と制御系の型の関係

i	位置誤差	速度誤差	加速度誤差
0	$k/(1+K_p)$	∞	∞
1	0	k/K_v	∞
2	0	0	k/K_a

4.6 定常誤差に見るプロセス系とサーボ系の相違

1 章で述べたように，プロセス制御の多くは定置制御である．それに対して，サーボ機構は目標値の変化に対応する追従制御である．表 4.1 に定常誤差と制御系の型の関係が示されている．したがって，プロセス制御が 0 型の系で構成されているのに対して，サーボ機構では 1 型の系以上が望まれることがわかる．

4.6.1 プロセス系と定常誤差

図 4.25 には，2 次の遅れを伴うプロセス系の液位制御例を示す．この例では，2 番目の水槽の液位を一定に保つことを目的にして，1 番目の水槽に流入する流体流量 q_{in} を流量調節弁で制御している．2 番目の水槽の液位は液位検出器で検出され，制御器にフィードバックされるものとする．制御器では液位設定値とフィードバック量が比較され，制御信号 e_c が発生する．そこで，液

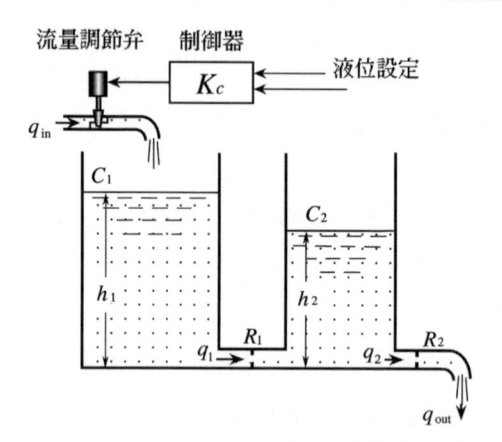

図 4.25 プロセス系の液位制御例

位設定値を h_{in}, 液位検出器で検出された液位を h_{out} として，その誤差量 $h_{in} - h_{out}$ にゲイン K_c を掛けた制御信号 e_c が流量調節弁に送られるものとしよう。また，調節弁では制御器からの制御信号 e_c によって制御流量 $q_{in} = K_v e_c$ が作られるものとする。

すでに，流体流量 q_{in} に対する 2 番目の水槽の液位の関係は式 (3.66) によって得ているので，これを伝達関数 $G_l(s)$ と表せば，**図 4.26** のような閉ループ系のブロック線図が得られる。ここで，K_s は液位検出器の感度係数である。また，$G_l(s)$ は次式のように表されている。

$$G_l(s) = \frac{H_2}{Q_{in}}(s) = \frac{R_2}{(C_1 R_1 C_2 R_2)s^2 + (C_2 R_2 + C_1 R_2 + C_1 R_1)s + 1} \quad (4.50)$$

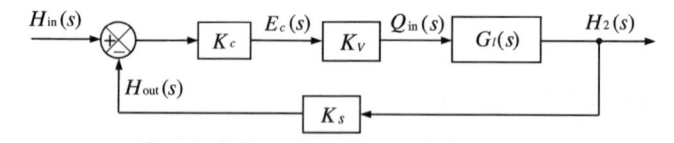

図 4.26 図 4.25 のブロック線図

このブロック線図から一巡伝達関数はつぎのようになる。

$$G(s) = \frac{K}{(C_1 R_1 C_2 R_2)s^2 + (C_2 R_2 + C_1 R_2 + C_1 R_1)s + 1} \quad (K = K_c K_v K_s R_2)$$

$$(4.51)$$

誤差伝達関数は式 (4.38) によって表されているが，この $G(s)$ が定常誤差を決定する。これは $i=0$ の 0 型の系であるので，ステップ入力に対する定常位置誤差は次式で定まるように残ることになる。

$$e_{rp}(t) = \frac{1}{1+K} \tag{4.52}$$

これをなくすためには，制御器に積分動作を加えて $i=1$ にする必要がある。

4.6.2 サーボ系と定常誤差

サーボ系は目標値の変化を前提にしているので，基本的に $i \geqq 1$ の系で構成されている。図 4.27 はその代表的な構成例である。サーボモータは，入力信号とフィードバック信号の間に誤差がある限り作動するので，定常位置誤差を零にする機能を持っている。それを解析的に調べてみよう。

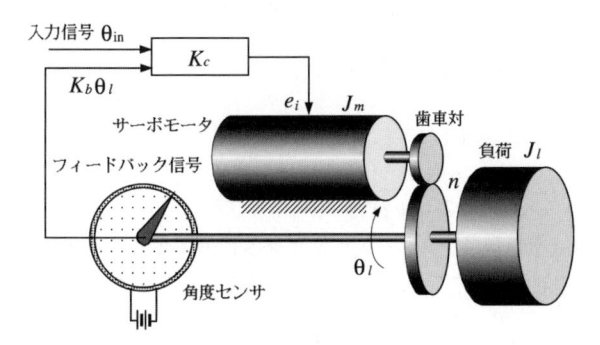

図 4.27　サーボ機構の代表例

図 4.27 については，3 章の図 3.29 ですでにブロック線図を得ているので，コントローラのゲイン K_c で置き換えることによって，図 4.28 のブロック線図が得られる。この場合の一巡伝達関数は式 (4.53) のようになる。

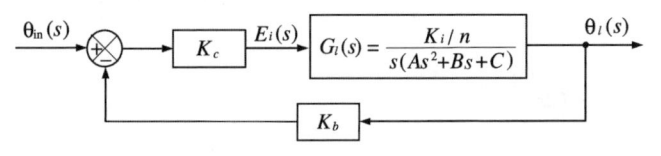

図 4.28　図 4.27 のブロック線図

$$G(s) = \frac{K}{s(As^2 + Bs + C)} \tag{4.53}$$

ここに,ループゲイン $K = K_c K_i K_b/n$ であり,係数 A, B, C は図3.29に定義したものと同じである。したがって,その制御系は $i=1$ の1型の系であり,ステップ入力に対しては定常誤差は零となる。

[章末問題]

4.1 つぎの伝達関数のベクトル軌跡の概略を示しなさい。

(1) $G(s) = \dfrac{K}{s(Ts+1)}$

(2) $G(s) = \dfrac{K}{s^2(Ts+1)}$

(3) $G(s) = \dfrac{K}{s^3(Ts+1)}$

4.2 つぎの伝達関数のボード線図を示しなさい。

(1) $G(s) = \dfrac{5}{(2s+1)(0.25s+1)}$

(2) $G(s) = \dfrac{s+1}{s^2+s+1}$

(3) $G(s) = \dfrac{s+1}{s(s+0.2)(s+2)^2}$

4.3 つぎの伝達関数は,7章で扱う位相進み補償系と遅れ系の伝達関数である。それぞれの周波数特性によって回路の特色を考察しなさい。

(1) $G(s) = \dfrac{Ts+1}{Ts/\alpha+1}$　　$\alpha = 0.05, 0.1$

(2) $G(s) = \dfrac{\alpha(Ts+1)}{\alpha Ts+1}$　　$\alpha = 0.05, 0.1$

4.4 つぎの1次遅れおよび2次系の伝達関数の位置定常誤差を求めなさい。

$$G_1(s) = \frac{10}{s(Ts+1)}, \quad G_2(s) = \frac{\omega_n^2}{s^2 + 2\zeta\omega_n s + \omega_n^2}$$

4.5 つぎの伝達関数の位置定常誤差,速度定常誤差,加速度定常誤差を求めなさい。

$$G(s) = \frac{1000}{s^3 + 60s^2 + 500s}$$

5 安定判別

　フィードバック制御の目的は，目標とする入力信号と結果としての出力信号との誤差信号を作り，その誤差をなくすように制御系を動作させることにあるが，そのことによって系全体が激しい振動を起こしたり，制御系を不安定にすることがある。したがって，適度な安定性を持った制御系を設計することが重要課題である。本章では，制御系設計の根幹をなす安定判別と，それに基づく制御系設計指針を紹介する。

5.1 フィードバック制御系の安定性

　開ループ伝達関数が次式で与えられる3次系の伝達関数にフィードバック制御をかけることを考えよう。

$$G(s) = \frac{C(s)}{E(s)} = \frac{K}{s(s+1)(s+2)} \tag{5.1}$$

図5.1のフィードバック制御系のゲイン K を増加すると，応答は次第に速くなるが振動的となり，ついには不安定となってしまう。この様子をステップ応答で示したのが**図5.2**である。

　ところで，図5.1の制御系の閉ループ系の入出力伝達関数を求めてみよう。

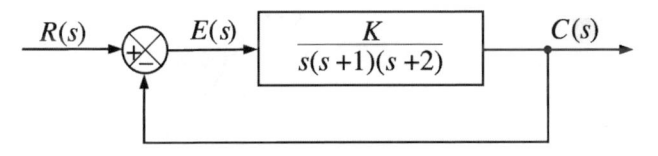

図5.1　3次遅れの伝達関数を持つフィードバック制御系

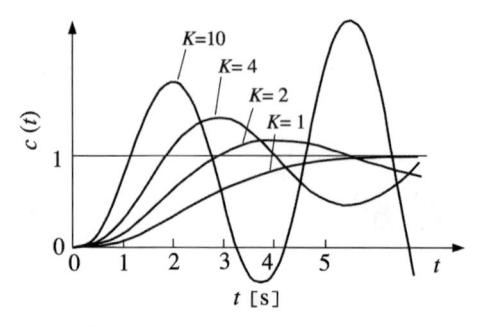

図5.2 ゲイン K の増加による応答

$$\frac{C(s)}{R(s)} = \frac{K}{s^3+3s^2+2s+K} \tag{5.2}$$

特性方程式は分母＝0 より

$$s^3+3s^2+2s+K=0 \tag{5.3}$$

で与えられ，ゲイン K の値によって根 p_1, p_2, p_3 は図5.3のように移動する。制御系に根 p_1, p_2, p_3 が存在することは，それに対応する過渡応答に $e^{p_1 t}$, $e^{p_2 t}$, $e^{p_3 t}$ という成分が存在することを意味する。図5.3の根の位置と図5.2の過渡応答を比較するとこの点がよくわかると思う。例えば，根のうちの一つ $p_1 = \sigma_1 + j\omega_1$ において，その実数部 σ_1 が正になったと考えよう。これは増大する

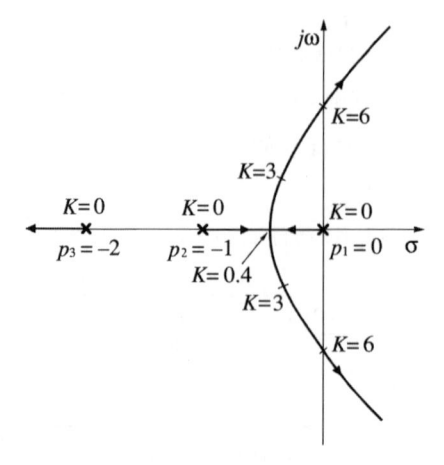

図5.3 根の移動

応答 $e^{\sigma_1 t}e^{j\omega_1 t}$ が存在し，系は不安定となる。その場合の安定限界は $K=6$ で起こっている。すなわち制御系は，実数部が正となる特性根が一つまたはそれ以上存在するときは不安定，すべての根の実数部が負の場合は安定である。

制御系が複雑となり，その特性方程式が高次の有理関数で表せる場合

$$P(s)=a_0s^n+a_1s^{n-1}+a_2s^{n-2}+\cdots+a_{n-1}s+a_n=0 \tag{5.4}$$

すべての根を解き，その実数部の正負を判断するのはたいへんである。制御理論で使われているいくつかの安定判別法には，根そのものを解かずに制御系が安定か不安定かを判別するラウス・フルビッツの方法，ナイキストの方法，およびつぎの章で述べる根軌跡法などがある。

5.2　ラウス・フルビッツの安定判別法

特性方程式が s の多項式である式 (5.4) で与えられ，これより系が安定か不安定かの判別を代数学的に解く方法が**ラウス・フルビッツの安定判別法**である。これはラウス（Routh）とフルビッツ（Hurwitz）が別々に求めた方法であるが，内容的には同一である。特性方程式の根と係数の関係はつぎのように与えられる。

$$\frac{a_1}{a_0}=-(\text{すべての根の和})$$

$$\frac{a_2}{a_0}=(\text{すべての根の二つずつの積和})$$

$$\frac{a_3}{a_0}=-(\text{すべての根の三つずつの積和})$$

$$\vdots$$

$$\frac{a_n}{a_0}=(-1)^n(\text{すべての根の積})$$

それゆえ，特性方程式 $P(s)$ が安定であるためには，すべての係数 a_0, a_1, a_3, $\cdots, a_n$ が零でない同符号の数であることが必要である。

フルビッツの安定判別法によれば，式 (5.5) で与えられるフルビッツ行列

式 $H_k(k=0, 1, \cdots, n)$ が零でない同符号の数のとき，その系は安定である．

$$H_0 = a_0, \quad H_1 = a_1, \quad H_2 = \begin{vmatrix} a_1 & a_3 \\ a_0 & a_2 \end{vmatrix}, \quad H_3 = \begin{vmatrix} a_1 & a_3 & a_5 \\ a_0 & a_2 & a_4 \\ 0 & a_1 & a_3 \end{vmatrix}$$

$$H_n = \begin{vmatrix} a_1 & a_3 & a_5 & \cdots & a_{2n-1} \\ a_0 & a_2 & a_4 & \cdots & a_{2n-2} \\ 0 & a_1 & a_3 & \cdots & a_{2n-3} \\ 0 & a_0 & a_2 & \cdots & a_{2n-4} \\ 0 & 0 & a_1 & \cdots & a_{2n-5} \\ \vdots & & & & \vdots \\ 0 & 0 & 0 & \cdots & a_n \end{vmatrix} \quad (5.5)$$

ただし，行列式 H_k の係数 a_j において $j>n$ となるものは 0 とする．

ラウスの安定判別法はつぎのようなラウス表を作成し

s^n	$R_0 = a_0$	a_2	a_4	$a_6 \cdots$
s^{n-1}	$R_1 = a_1$	a_3	a_5	$a_7 \cdots$
s^{n-2}	$R_2 = \dfrac{a_1 a_2 - a_0 a_3}{a_1} = A,$	$\dfrac{a_1 a_4 - a_0 a_5}{a_1} = B,$	$\dfrac{a_1 a_6 - a_0 a_7}{a_1} = C,$	
s^{n-3}	$R_3 = \dfrac{A a_3 - a_1 B}{A} = D,$	$\dfrac{A a_5 - a_1 C}{A} = E,$	$\cdots$	
s^{n-4}	$R_4 = \dfrac{DB - AE}{D} = F$	$\cdots$		
$\vdots$	$\vdots$			
s^0	R_n			

$$(5.6)$$

この表の先頭の $R_0 = a_0, R_1 = a_1, R_2 = A, R_3 = D, R_4 = F, \cdots, R_n$ がすべて零でない同符号のとき，系は安定である．また，異符号が現れると，符号の変化の回数だけの不安定根が存在する．

【例題 5.1】 特性方程式

$$P(s) = 2s^4 + s^3 + 2s^2 + 5s + 8 = 0$$

の安定性をラウス表によって判別する．ラウス表はつぎのように求まる．

$$
\begin{array}{c|ccc}
s^4 & R_0=2\,(=a_0) & 2\,(=a_2) & 8\,(=a_4) \\
s^3 & R_1=1\,(=a_1) & 5\,(=a_3) & 0 \\
\text{符号変化→} & & & \\
s^2 & R_2=\dfrac{1\times 2-2\times 5}{1}=-8 & \dfrac{1\times 8-2\times 0}{1}=8 & 0 \\
\text{符号変化→} & & & \\
s^1 & R_3=\dfrac{-8\times 5-1\times 8}{-8}=6 & \dfrac{-8\times 0-1\times 0}{-8}=0 & \\
s^0 & R_4=\dfrac{6\times 8-(-8)\times 0}{6}=8 & &
\end{array}
$$

(5.7)

この系では $R_0, R_1, \cdots, R_4$ に符号変化が2回あり,特性根の中に不安定根が二つ存在する.

【例題 5.2】 図 5.4 に示されるフィードバック制御法において,安定的なゲイン K の範囲を求める.

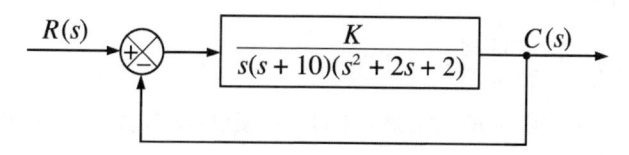

図 5.4 4 次遅れを有するフィードバック制御系

閉ループ系の入出力伝達関数は

$$\frac{C(s)}{R(s)}=\frac{K}{s(s+10)(s^2+2s+2)+K} \tag{5.8}$$

であるから,特性方程式はつぎのように求まる.

$$P(s)=s^4+12s^3+22s^2+20s+K=0 \tag{5.9}$$

これよりラウス表を作ると

$$
\begin{array}{c|cccc}
s^4 & R_0=1 & & 22 & K \\
s^3 & R_1=12 & & 20 & 0 \\
s^2 & R_2=\dfrac{12\times 22-20\times 1}{12}=20.33 & & \dfrac{12\times K-1\times 0}{12}=K & \Leftarrow A(s) \\
s^1 & R_3=\dfrac{20.33\times 20-12\times K}{20.33}=20-0.59K & & & \\
s^0 & R_4=K & & &
\end{array}
$$

したがって $R_0, R_1, \cdots, R_4$ すべてが正であるためには，K の値はつぎの範囲でなければならない．

$$33.88 > K > 0 \tag{5.10}$$

$K=33.88$ は安定限界のゲインであるが，そのときの共振根を求めてみよう．これはラウス表に示した s^2 の項の補助方程式 $A(s)$ を作ってつぎのように求められる．

$$A(s)=20.33s^2+K=0 \tag{5.11}$$

$K=33.88$ を代入して

$$s=j\omega=\pm j\sqrt{\dfrac{33.88}{20.33}}=\pm j1.29 \tag{5.12}$$

したがって，安定限界 $K=33.88$ における共振根の振動数は $\omega=1.29\,\mathrm{rad/s}$ である．

5.3 ナイキストの安定判別法

図 5.5 のようなフィードバック制御系を考えよう．この制御系の一巡伝達関数 $G(s)H(s)$ の周波数応答から安定，不安定を判別するのがナイキスト法で，

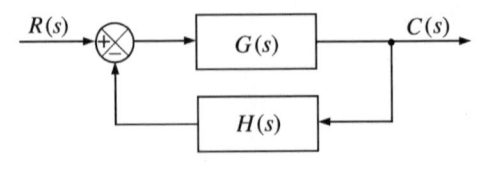

図 5.5 フィードバック制御系

5.3 ナイキストの安定判別法

伝達関数がわからない場合でも，周波数応答のみでも使用できる。

図5.5の特性方程式は

$$P(s) = 1 + G(s)H(s) \tag{5.13}$$

で与えられる。ここで $G(s)H(s)$ を**一巡伝達関数**といい，つぎのような有理関数で与えられたと考えよう。

$$G(s)H(s) = \frac{K(s+z_1)(s+z_2)\cdots(s+z_m)}{(s+p_1)(s+p_2)\cdots(s+p_n)} \tag{5.14}$$

この伝達関数の根 $-p_1, -p_2, \cdots, -p_n$ のうち，右半面に存在する根の数を P とする。すなわち，P は閉ループ系の不安定根の数である。

つぎに，s の値を**図5.6**に示すように右半面をすべて囲む半円周上に選ぶ。すなわち，（1）$s=j0$ から $j\infty$ までの虚軸上，（2）$s=Re^{j\theta}$ の無限大半円を時計回り，（3）$s=-j\infty$ から $-j0$ までの虚軸上，（4）$s=re^{j\theta}$ の原点回りの無限小半円を反時計回りとする。これに対応する一巡伝達関数の複素平面上の軌跡の例を描くと，**図5.7**（a），（b）のようになる。この図で，太い実線は4.1節で述べた周波数応答

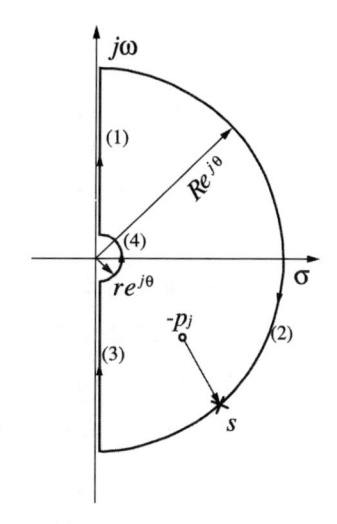

図5.6 ナイキストの通路

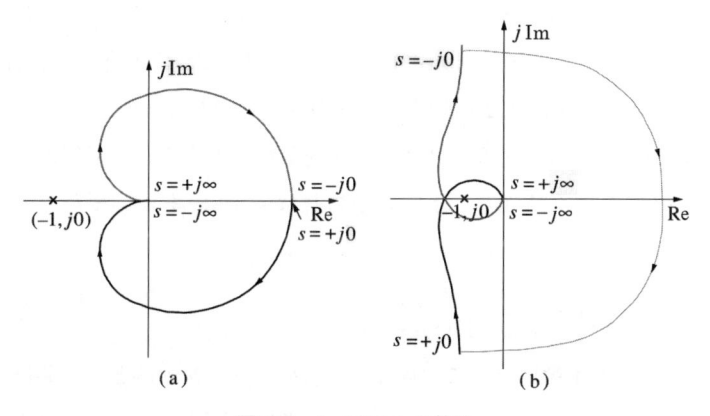

図5.7 ナイキストの軌跡

のベクトル軌跡である。ナイキストの安定判別法はつぎのように表される。一巡伝達関数 $G(s)H(s)$ のナイキスト軌跡が $(-1, j0)$ の点を反時計回りに P 回転したときのみ，その系は安定であり，それ以外は不安定である。

このことはつぎのように考えると明らかであろう。特性方程式 (5.13) に式 (5.14) を代入すると，つぎのようになる。

$$P(s) = \frac{(s+p_1)(s+p_2)\cdots(s+p_n)+K(s+z_1)(s+z_2)\cdots(s+z_m)}{(s+p_1)(s+p_2)\cdots(s+p_n)} \quad (5.15)$$

さて，この式の分子はフィードバックされた系の根 $-r_1, -r_2, \cdots, -r_n$ で因数分解されて，つぎのように表される。

$$P(s) = \frac{(s+r_1)(s+r_2)\cdots(s+r_n)}{(s+p_1)(s+p_2)\cdots(s+p_n)} \quad (5.16)$$

この式で分母は開ループ系の特性方程式，分子は閉ループ系の特性方程式である。ところで，すべての $r_i(i=1, 2, \cdots, n)$ が右半面に存在しないときのみフィードバック制御系は安定である。s の値が図 5.6 のように右半分を囲む閉曲線を時計回りに 1 周するとき，式 (5.16) の右半面にある分母の P 個の要素 $(s+p_j)$ のベクトルのみ，図 5.6 のように時計回りに 1 回転する。ほかの要素は左半面に存在するため，回転することはない。しかも，$P(s)$ はこれらのベクトルの積であるから，フィードバック系が安定な場合には，$P(s)$ は原点の回りを反時計回りに P 回転する。ところで，$P(s)$ と $G(s)H(s)$ の間には

$$P(s) = 1 + G(s)H(s) \quad (5.17)$$

の関係にあるから，s がナイキストの通路を 1 回転するとき，$G(s)H(s)$ が $(-1, j0)$ 点を反時計回りに P 回転するときのみ安定である。

【例題 5.3】 図 5.8 のような 3 次系の伝達関数を考える。一巡伝達関数の根は $s = 1, -3, -5$ であるから，不安定根の数は $P = 1$ である。また，その周波数応答は

$$G(j\omega)H(j\omega) = \frac{10}{(j\omega-1)(j\omega+3)(j\omega+5)} \quad (5.18)$$

であり，ナイキスト軌跡は，この周波数応答のベクトル軌跡とその共役な軌跡で，図 5.9 のように求まる。これは，$(-1, j0)$ 点を囲まないので図 5.8 の系

5.3 ナイキストの安定判別法

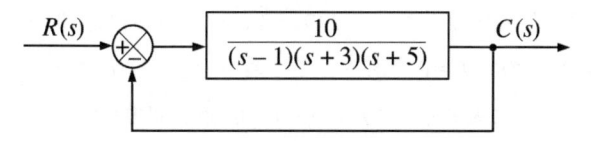

図 5.8 3次系の伝達関数の場合

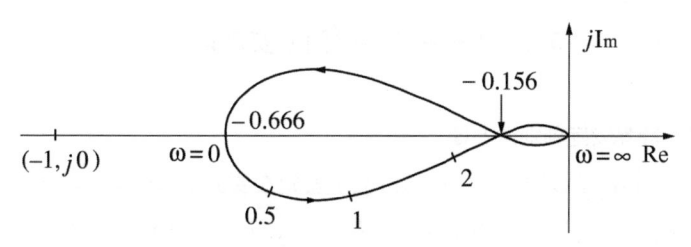

ブロック図: $R(s) \to \bigotimes \to \dfrac{10}{(s-1)(s+3)(s+5)} \to C(s)$

図 5.9 不安定根を持つ $G(s)H(s)$ の軌跡

は不安定である。

【例題 5.4】 図 5.10 のような，サーボ機構によく現れる，積分要素と 2 次

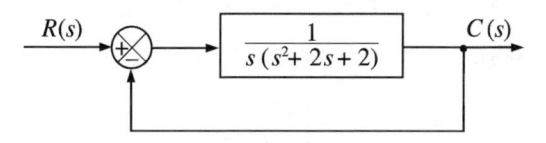

ブロック図: $R(s) \to \bigotimes \to \dfrac{1}{s(s^2+2s+2)} \to C(s)$

図 5.10 積分要素と 2 次遅れ要素を持った系

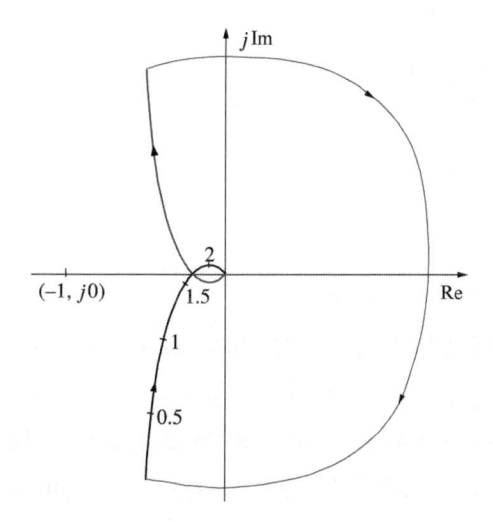

図 5.11 安定根を持つ $G(s)H(s)$ の軌跡

遅れ要素を持った系を考えよう。この一巡伝達関数の根 $s=0$, $-1+j$, $-1-j$ は不安定根がないので $P=0$ である。この系の一巡伝達関数のナイキスト軌跡は，図5.11のように求まる。これは $(-1, j0)$ 点を囲まないので，この制御系は安定である。

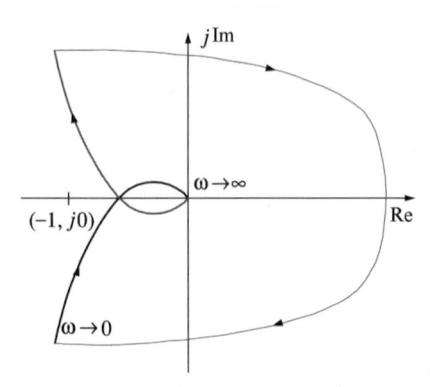

5.4 ナイキストの簡易安定判別法

5.4.1 簡易安定判別法とは

大部分の制御系は開ループ伝達関数を安定な要素で構成する。そうすると $P=0$ であり，ナイキストの安定判別法は $(-1, j0)$ 点を囲むか囲まないかで判定できる。しかも図5.12に示すように，一般に $\omega \to \infty$ で原点，$\omega \to 0$ で無限遠方に軌跡は移動し，図5.6における $s=re^{j\theta}$ $(r \to 0)$ の無限小半円に対応し，図の薄い実線のように右半面を囲む無限大半円となる。このような場合には，図5.12の濃い実線で示す周波数応答だけで安定判別ができる。これを**ナイキストの簡易安定判別法**といい，つぎの手順で判別できる。

図5.12 ナイキストの簡易安定判別法

図5.13の制御系の一巡伝達関数 $G(s)H(s)$ が安定な場合，この周波数応答をベクトル軌跡表示し，図5.14に示すように $\omega=0$ から $\omega=\infty$ までの軌跡を描く。この軌跡上で $G(j\omega)H(j\omega)$ が $\omega=0$ から $\omega=\infty$ まで移動するとき，図に示すように $(-1, j0)$ 点が軌跡の左に存在するとき安定であり，$(-1, j0)$ 点

5.4 ナイキストの簡易安定判別法

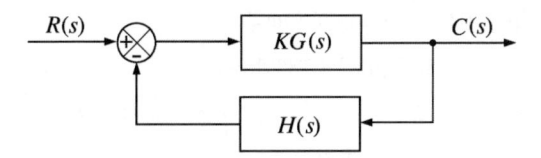

図 5.13 安定な一巡伝達関数 $G(s)H(s)$

が右（斜線側）に存在するとき不安定である．しかも，この場合にはナイキスト軌跡によって系の安定度もある程度判断できる．周波数応答のベクトル軌跡が $(-1, j0)$ 点より遠ければ遠いほど安定性が良く，$(-1, j0)$ に近づくほど安定性は悪化する．

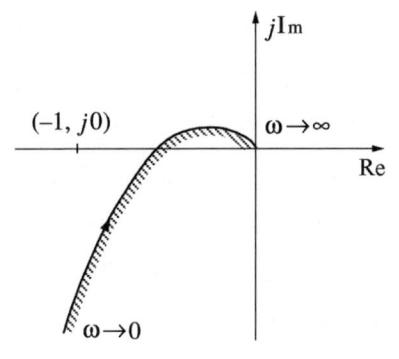

図 5.14 安定な一巡伝達関数を持つベクトル軌跡

5.4.2 ゲイン余裕と位相余裕

安定度を表す指標として，一般に**ゲイン余裕**，**位相余裕**が使われる．これは図 5.15 のようなベクトル軌跡において，つぎのように定義される．周波数応答のゲインが 1 となる周波数（**ゲイン交差周波数**）を ω_c，位相が $-180°$ となる周波数（**位相交差周波数**）を ω_ϕ とすれば，ゲイン余裕と位相余裕は

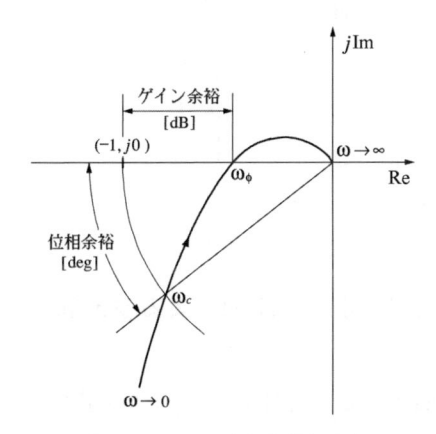

図 5.15 ゲイン余裕と位相余裕

ゲイン余裕　dB $=-20 \log |G(j\omega_\phi)|$ 　　　　(5.19)

位相余裕　deg $= \angle G(j\omega_c)+180$ deg 　　　　(5.20)

である。この指標を用いることによって，フィードバック制御系の設計が簡素化されることになった。以下の事例によってそのことを示す。

【例題 5.5】 図 5.10 の制御系のゲイン余裕，位相余裕を求めてみよう。$K=1$ の場合のベクトル軌跡は**図 5.16** の太い実線のように求まり，ゲイン余裕は 12 dB（1/0.25＝4 倍），位相余裕は 60° となる。したがって，この制御系はさらに 4 倍のゲイン（$K=4$）としたとき，図 5.16 の細い実線のようなベクトル軌跡となり安定限界である。この場合のゲイン余裕は 0 dB，位相余裕は 0° である。また位相余裕 60° ということは，位相を遅らす要素（例えば，むだ時間要素）によって $\omega_c=0.5$ における位相がさらに 60° 遅れると，この系は安定限界である。

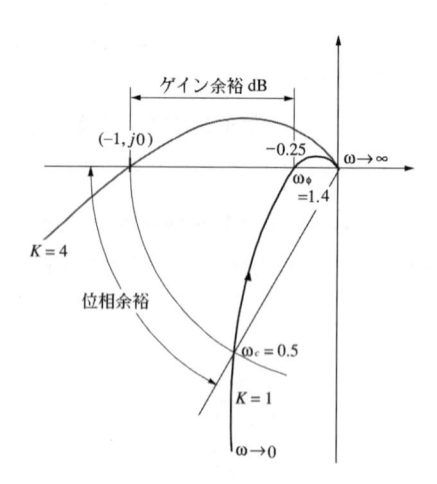

図 5.16　積分要素と 2 次遅れ要素を持った系のベクトル軌跡例

5.5　ボード線図による安定判別

フィードバック制御系の安定判別は，ベクトル軌跡によらず，ボード線図上でも可能であり，むしろ制御系設計上たいへん便利である。それは，ベクトル

5.5 ボード線図による安定判別

軌跡がゲインの変更によって，そのつど再計算して描く必要があるのに対して，ボード線図ではゲインの変更は，単にゲイン曲線の平行移動で行えるからである。

ベクトル軌跡における $(-1, j0)$ 点は，ゲイン1（0 dB），位相 $-180°$ に対応する。しかも，ボード線図の方がより直感的に周波数応答を与える。ボード線図での安定判別法は，つぎの手順で行われる。

① 一巡伝達関数 $G(s)H(s)$ の周波数応答をボード線図上に描く。

② このときゲイン曲線が 0 dB を切る周波数 (ω_c) での $-180°$ から見た位相が位相余裕である。

③ また，位相曲線が $-180°$ を過ぎる周波数 ω_ϕ での 0 dB から見たゲイン曲線のゲインがゲイン余裕である。

したがって，ゲイン曲線が 0 dB を切る周波数 (ω_c) での位相遅れが $-180°$ 以内であるか，または位相曲線が $-180°$ 遅れる周波数 ω_ϕ でのゲインが 0 dB 以下であれば，フィードバック系は安定である。

【例題 5.6】 図 5.17 で与えられるフィードバック制御系で，$K=1$ のときの安定判別をボード線図上で行い，ゲイン余裕および位相余裕を求めてみよう。

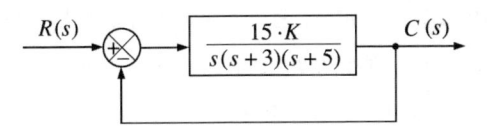

図 5.17 3 次遅れのフィードバック系

この制御系の一巡伝達関数

$$G(s)H(s) = \frac{15}{s(s+3)(s+5)} \tag{5.21}$$

の周波数をボード線図に表示すると，**図 5.18** のように求まる。この図でゲイン曲線が 0 dB を切る周波数（ゲイン交差周波数）$\omega_c = 0.9$ rad/s における位相遅れは $-118°$ であるから，位相余裕は $62°$ である。また，位相曲線が $-180°$ の線を切る周波数（位相交差周波数）$\omega_\phi = 3.9$ rad/s でのゲインは -18 dB であるから，ゲイン余裕は 18 dB である。

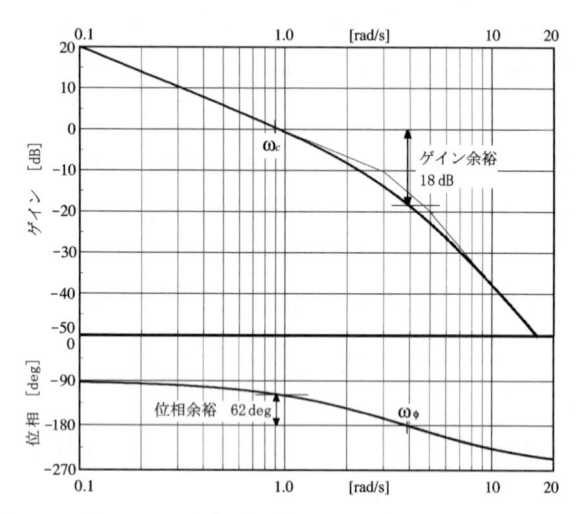

図5.18 図5.17の一巡伝達関数のボード線図による安定判別例

したがってこの系は安定であり，ゲイン K を 8（≒18 dB）と選んだとき安定限界に至る．なお，細い実線はゲインの直線近似を示す．

【例題 5.7】 再び，例題 5.4 の図 5.10 に示した積分要素と 2 次遅れ要素を持った系について，一巡伝達関数の分子が 1 から K に置き換えられた場合を考えよう．図 5.19 のように $K=1$ とした系のゲイン余裕と位相余裕を求めると，ゲイン余裕は 12 dB，位相余裕は 60 deg と読み取れてシステムは安定である．そこで $K=4$ に変更した場合を考えよう．ボード線図上では，ゲイン曲線を単に $20 \log 4 = 12.04$ dB だけ上方に平行移動だけで，安定判別ができる．点線で示したゲイン曲線がその結果である．システムが安定限界に達していることがわかる．

ボード線図での安定判別の便利さは，前のように伝達関数の周波数応答が容易に表示できるという長所のみならず，伝達関数はわからずに実験的に求めた周波数応答でも利用できる．しかも，7 章で述べるニコルス線図を使うと，開ループと閉ループの周波数応答を 1 対 1 に対応させることが可能で，周波数応答のみで制御系を設計することもできる．一般のサーボ機構で使われるゲイン余裕と位相余裕は，ゲイン余裕が 10～20 dB，位相余裕が 40°～60°である．こ

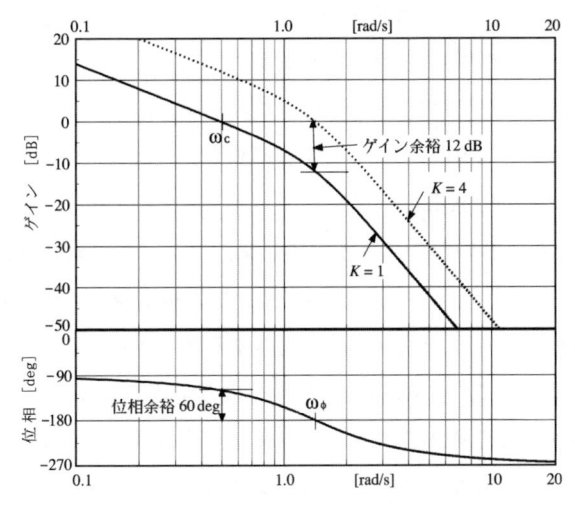

図 5.19 積分要素と 2 次遅れ要素を持った系の安定判別例

れは閉ループの共振ピークが 2〜6 dB 程度に相当する。

5.6 応 用 例

1 章ではジェームス・ワットが蒸気機関の速度調整のために考案した調速機の例を紹介した。ここでは，その原理図である図 1.2 を例にとって安定判別を行ってみよう。

いま，図 1.2 において蒸気タービンの回転速度 $\dot{\phi}$ が目標値から増加した場合を考えよう。そのとき，タービン軸から歯車を介して調速機軸に伝達された回転速度 ω も増加するので，質量 m_g の遠心振り子の遠心力 $m_g \omega^2 r \sin \alpha$ も増加して質量 m のスライダを引き上げる。その結果，スライダとリンク機構で結ばれた調節弁が押し下げられ，供給する蒸気量が減じられるので，蒸気タービンの速度の増加が抑えられるのである。ワットの時代は，出力も小さく調速機は振り子の遠心力そのもので弁の開閉を行っていたが，出力の増大に伴い，力の拡大機構が取り入れられるようになった。また，高速で出力を取り出す制御が求められるようになると，**ハンティング**と呼ばれる回転速度の不安定

が問題になってきた。これは機構がからんだ自励振動である。そこで，図1.2に基づいて調速機の安定性を考えてみよう。

スライダはばねとダンパで支えられ，これに遠心振り子の引上げ力が加わるので，スライダの上下動変位を x とする運動方程式はつぎのようになる。

$$m\ddot{x}+c\dot{x}+kx=K_s\delta\omega \tag{5.22}$$

ここに，m, c, k はおのおのスライダの質量，ダンパの減衰係数，支持ばねのばね定数である。また，遠心振り子の遠心力は $m_g\omega^2 r\sin\alpha$ であるが，引上げ力は定常回転 ω からの変化分 $\delta\omega$ に比例すると考えれば，式 (5.22) の右辺のように表せる。ここに，K_s は遠心振り子の力定数である。

一方，蒸気タービンの慣性モーメントを J とすれば，その慣性力 $J\ddot{\phi}$ は調節弁の変位に依存して変化する。また，バルブの変位はスライダの変位とリンク機構を介して連結されているので，この操作量定数を K_l とすれば，その運動方程式は

$$J\ddot{\phi}=-K_v y=-K_l x \tag{5.23}$$

となる。ここで，負の符号をつけたのは，負のフィードバック系を構成するためである。

蒸気タービンの回転速度 $\dot{\phi}$ とスリーブの回転速度 ω は歯車を介してつながれているので，これも比例関係にあり，歯車比を K_g とすれば

$$\omega=K_g\dot{\phi} \tag{5.24}$$

であるから，式 (5.22) と式 (5.24) を時間で微分し，それに式 (5.23) を組み合わせればつぎのようになる。

$$m\dddot{x}+c\ddot{x}+k\dot{x}+\frac{K_s K_l K_g}{J}x=0 \tag{5.25}$$

このように，すべての係数は正の符号を持っており，形式的には安定である。これは負のフィードバック系を構成したことによる。もしも，式 (5.23) の右辺の係数が正の符号を持つようにすれば，ポジティブフィードバック系が構成され，それだけで不安定になる。

しかし，3次以上のシステムではすべての係数が正であっても安定であると

は限らないので，ラウス表を用いて式（5.25）の安定判別を行う．

$$
\begin{array}{c|cc}
s^3 & m & k \\
s^2 & c & K_sK_lK_g/J \\
s^1 & \dfrac{ck-mK_sK_lK_g/J}{c} & 0 \\
s^0 & K_sK_lK_g/J &
\end{array}
$$

これよりすべての係数が正であれば，つぎの条件が満たされたとき安定であり

$$c \geq \frac{mK_sK_lK_g}{kJ} \tag{5.26}$$

これが満たされないとき，**ハンティング現象**と呼ばれる不安定振動現象が起こることになる．

[章末問題]

5.1 3次の特性方程式

$$a_3s^3+a_2s^2+a_1s+a_0=0$$

の安定条件を求めなさい．

5.2 ラウス法を用いてつぎの特性方程式を持つ系の安定判別をしなさい．

$$s^4+2s^3+2s^2+3s+6=0$$

5.3 ゲイン K が可変である図 5.20 の制御系がある．系が安定であるための K の値の範囲を示しなさい．

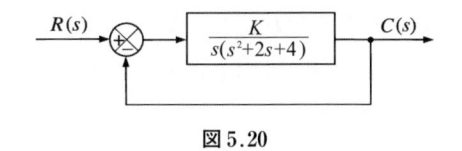

図 5.20

5.4 一巡伝達関数が

$$G(s)=\frac{K}{s(s+8)}$$

で与えられる系の安定条件をナイキストの条件を用いて調べなさい．

5.5 つぎの開ループ伝達関数 $G(s)$ を持つ単位フィードバック系で

$$G(s)=\frac{K}{s(1.2s+1)(0.3s+1)}$$

（1） $M_p=1.2$ になるように K の値を決定しなさい．
（2） そのときの減衰率 ζ の値を近似的に示しなさい．
（3） 位相余裕とゲイン余裕はそれぞれいくらか．

6 根軌跡法

　根軌跡法はループゲインなどのパラメータの変化による閉ループ系の周波数応答と時間応答を同時に知ることのできる便利な設計ツールであるが，その作図が多少煩雑である。しかし，本章では，根軌跡の概略的な描き方と数値行列計算用のソフトウェア MATLAB による根軌跡の求め方を紹介して，根軌跡法が制御系設計とその結果を知る有効な手段であることを示す。

6.1　根軌跡法の概略

　安定な制御系の特性根はすべて実数部が負でなければならない。したがって，s 平面上に特性根をプロットした場合，すべての根が s 平面上の左半平面に存在しなければならない。しかも，制御系は特性根 $-p_i$ に対して時間応答 $e^{-p_i t}$ が必ず含まれるので，特性根の値が制御系の速応性といった性能を大きく決定する。

　エバンスによって考案された根軌跡法は，フィードバック制御系のゲインといったような，可変なパラメータによって変化する特性根の位置を s 平面上にプロットする方法で，制御系の安定性のみならず，閉ループ系の周波数応答や過渡応答のような動特性も同時に知りながら設計する方法である。図 6.1 のフ

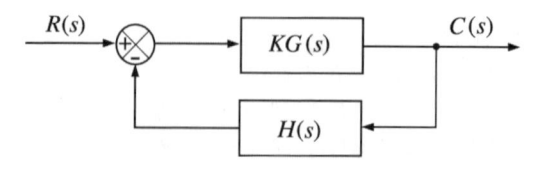

図 6.1　ゲイン K を有するフィードバック制御系のブロック線図

ィードバック制御系のゲイン K による特性根の s 平面上の位置を考えよう。

このフィードバック制御系の特性方程式は，つぎのように表される。

$$1+KG(s)H(s)=0 \tag{6.1}$$

これを変形して，根軌跡を作成する基本の式を得る。

$$G(s)H(s)=-\frac{1}{K} \tag{6.2}$$

いま，一巡伝達関数 $G(s)H(s)$ の極を $-p_1, -p_2, \cdots, -p_n$，零点を $-z_1, -z_2, \cdots, -z_m$ とする。そうするとフィードバック後の特性根 s は，式 (6.2) を使ってつぎの二つの関係を滞足しなければならない。

$$\frac{|s+z_1|\cdot|s+z_2|\cdots|s+z_m|}{|s+p_1|\cdot|s+p_2|\cdots|s+p_n|}=\left|\frac{1}{K}\right| \tag{6.3}$$

$$\angle(s+z_1)+\angle(s+z_2)+\cdots+\angle(s+z_m)-\angle(s+p_1)-\angle(s+p_2)-\cdots-\angle(s+p_n)=180°\pm k360° \quad (k=0, 1, 2, \cdots) \tag{6.4}$$

例えば

$$G(s)H(s)=\frac{(s+z_1)}{(s+p_1)(s+p_2)} \tag{6.5}$$

という伝達関数をフィードバックした場合の特性根 s は，図 6.2 の s 平面上で各極 $-p_1, -p_2$ あるいは零点 $-z_1$ より s までのベクトル A, B, C に関してつぎの関係を満足しなければならない。

$$\frac{|C|}{|A|\cdot|B|}=\left|\frac{1}{K}\right| \tag{6.6}$$

$$\angle C-\angle A-\angle B=180°\pm k360° \tag{6.7}$$

この二つの関係を使うことにより，根軌跡は図式的に作成できる。

根軌跡法では，**図 6.2** に示すように，一巡伝達関数の分母の根を**極**と呼び，s 平面上では×印で表し，分子の根を**零点**と呼び○印で表す。ゲイン K のようなパラメータの変化によって，極から零点に向かって変化する軌跡を**根軌跡**と呼んでいる。

通常，図 6.2 のように s 平面上の極を p，零点を z で示す。

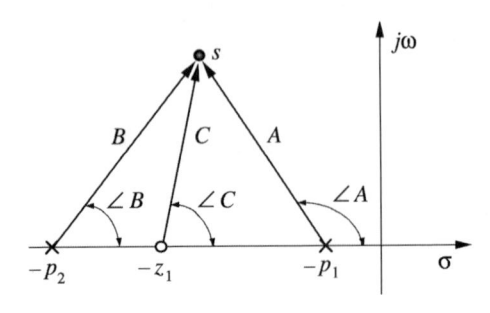

図6.2　s平面

6.2　根軌跡の描き方

図6.1の一巡伝達関数$KG(s)H(s)$が，その極$-p_1, -p_2, \cdots, -p_n$と零点$-z_1, -z_2, \cdots, -z_m$を使って

$$KG(s)H(s) = \frac{K(s+z_1)(s+z_2)\cdots(s+z_m)}{(s+p_1)(s+p_2)\cdots(s+p_n)} \tag{6.8}$$

と分解されたと考える。ここでゲインKが変化したとき，フィードバック系の根軌跡はつぎの手順で描かれる。

① **根軌跡の出発点**　$K=0$のとき，根軌跡は一巡伝達関数の極$-p_1, -p_2, \cdots, -p_n$より出発する。根軌跡上ではこれを×印で表す。なぜならば，式 (6.3) より$K\to 0$とすれば

$$\lim_{K\to 0}\left|\frac{1}{K}\right| = \frac{|s+z_1|\cdot|s+z_2|\cdots|s+z_m|}{|s+p_1|\cdot|s+p_2|\cdots|s+p_n|} \to \infty \tag{6.9}$$

であるから，sは$-p_1, -p_2, \cdots, -p_n$のいずれかに近づく。

② **根軌跡の終点**　$K=\infty$のとき，根軌跡は一巡伝達関数の零点$-z_1, -z_2, \cdots, -z_m$で終わる。ただし，一般に$n>m$であるから，残りの$n-m$個の軌跡は無限遠に至る。つまり，無限遠点は$n-m$次の零点と考えられる。s平面上の有限な終点は○印で表す。これの証明は，式 (6.9) で逆に$K\to\infty$とすれば$s\to -z_j$であることからわかる。

6.2 根軌跡の描き方

③ **根軌跡の数** 根軌跡の極より零点に至る独立な軌跡の数は, $G(s)H(s)$ の極の数 n, あるいは零点の数 m の多い方に一致する。ただし, 一般に $n>m$ であるから, 根軌跡の数は n 本である。

④ **根軌跡の対称性** 根軌跡は実軸に関して対称である。なぜなら, 複素根 $\sigma+j\omega$ に対しては共役な値 $\sigma-j\omega$ も必ず根である。

⑤ **根軌跡の漸近線** ゲイン K が増大し, $(n-m)$ 個の根軌跡の s の値が大きくなると, 根軌跡は漸近線に近づく。その漸近線は

$$\text{傾 き}: \theta_k = \frac{(2k+1)\pi}{n-m} \quad (k=0, 1, 2, \cdots) \tag{6.10}$$

$$\text{実軸上での交点}: \sigma_1 = \frac{\sum G(s)H(s) \text{の極} - \sum G(s)H(s) \text{の零点}}{n-m}$$

$$= -\frac{\sum_{i=1}^{n} p_i - \sum_{j=1}^{m} z_j}{n-m} \tag{6.11}$$

なる直線である。

⑥ **実軸上の根軌跡** 実軸上の根軌跡は, 一巡伝達関数 $G(s)H(s)$ の極と零点を配置すると, 実軸上にある極と零点を右から数えて奇数番目と偶数番目の間に根軌跡は存在する。

⑦ **根軌跡の出発角および到着角** $G(s)H(s)$ の複素極からの出発角あるいは複素零点への到着角は, その点からやや離れた点を s_1 とすれば次式によって決められる。

$$\sum_{i=1}^{m} \angle(s+z_i) - \sum_{j=1}^{n} \angle(s+p_j) = (2k+1)\pi \quad (k=0, 1, 2, \cdots) \tag{6.12}$$

⑧ **虚軸との交点** 虚軸との交点は安定限界であるから, ラウス・フルビッツの安定判別法によってゲインが, またその虚軸上の交点の周波数は補助方程式を使うことによって正確に決定できる。

⑨ **分岐点** 根軌跡の二つ以上の軌跡がぶつかり, そして離れる点を**分岐点**という。分岐点では s の重根となるわけで, $G(s)H(s)$ を s で微分したものが零となる。分岐点では

$$\frac{dG(s)H(s)}{ds} = 0 \tag{6.13}$$

を満足するが，この式から求まったsの値すべてが分岐点ではない（必要条件）．しかし，式 (6.13) から求めたsの値の中から，分岐点を見つけるのは困難ではない．

⑩ **根軌跡の重心** 根を等しい質量の質点と考えた場合，$n-m \geq 2$ であれば根の重心は一定である（Kの値によって変化しない）．この重心は

$$\sigma_s = -\frac{p_1 + p_2 + \cdots + p_n}{n} \tag{6.14}$$

の実軸上にある．

⑪ **根軌跡上でのゲイン K の計算** 根軌跡を描き終えた後に，根軌跡上の点 s_1 でのゲインはつぎの式で計算できる（図 6.2 および式 (6.6) 参照）．

$$|K| = \frac{1}{|G(s_1)H(s_1)|} = \frac{GH \text{の根から} s_1 \text{へのベクトルの長さの積}}{GH \text{の零点から} s_1 \text{へのベクトルの長さの積}} \tag{6.15}$$

ただし，式 (6.15) で求められたゲイン K は，一巡伝達関数を

$$KG(s)H(s) = \frac{K(s+z_1)(s+z_2)\cdots(s+z_m)}{(s+p_1)(s+p_2)\cdots(s+p_n)} \tag{6.16}$$

とした場合で，つぎのように表した場合のゲイン K' ではない．しかも，つぎのように伝達関数を表すことが多いので注意を要する．

$$K'G(s)H(s) = \frac{K'\left(\frac{s}{z_1}+1\right)\left(\frac{s}{z_2}+1\right)\cdots\left(\frac{s}{z_m}+1\right)}{\left(\frac{s}{p_1}+1\right)\left(\frac{s}{p_2}+1\right)\cdots\left(\frac{s}{p_n}+1\right)} \tag{6.17}$$

ここで，K と K' の関係は

$$K' = \frac{z_1 z_2 \cdots z_m}{p_1 p_2 \cdots p_n} K \tag{6.18}$$

である．なお，代表的な根軌跡図を付録 2. に示すので，参考にされたい．

【**例題 6.1**】 つぎの一巡伝達関数のフィードバック制御系の根軌跡を求める．

$$KG(s)H(s) = \frac{K(s+4)}{s(s+3)(s^2+8s+20)} \tag{6.19}$$

（ⅰ）根軌跡の出発点：根軌跡は GH の極，すなわち $0, -3, -4+2j, -4-2j$ より出発する。

（ⅱ）根軌跡の終点：根軌跡は GH の零点，すなわち $-4, \infty, \infty, \infty$ で終わる。

（ⅲ）根軌跡の数：この場合の GH では $n=4, m=1$ であるから，4本の根軌跡がある。

（ⅳ）根軌跡は実軸に関し対称である。

（ⅴ）根軌跡の漸近線：漸近線は

$$\text{傾き } \theta_k = \frac{(2k+1)\pi}{4-1} = 60°, 180°, -60° \quad (k=0, 1, 2)$$

$$\text{実軸上で } \sigma_1 = \frac{(0-3-4+2j-4-2j)-(-4)}{4-1} = -2.33$$

に交点を持つ直線である。

（ⅵ）実軸上の根軌跡；実軸上では $0 > s > -3, -4 > s$ の範囲に根軌跡がある。

（ⅶ）根軌跡の出発角および到着角：（ⅰ）〜（ⅵ）を s 平面に描くと，**図 6.3**

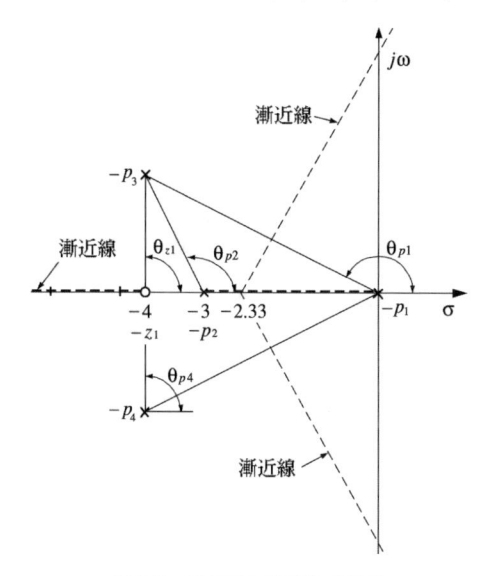

図 6.3 根軌跡の出発角算出法

のようになる。

この図において，$-4+2j$ の点における出発角を求めよう。図においてほかの極および零点から極 $-p_3$ までのベクトルがなす角は $\theta_{p1}=153.5°$，$\theta_{p2}=116.5°$，$\theta_{p4}=90°$，$\theta_{z1}=90°$ である。したがって，出発角を θ_{p3} とすれば，式 (6.12) より

$$\theta_{p1}+\theta_{p2}+\theta_{p3}+\theta_{p4}-\theta_{z1}=(2k+1)180° \tag{6.20}$$

したがって，出発角は $\theta_{p3}=-90°$ である。

(viii) 虚軸との交点：このフィードバック制御系の特性方程式は

$$P(s)=s^4+11s^3+44s^2+(K+60)s+4K=0 \tag{6.21}$$

で与えられ，ラウスの表はつぎのように作られる。

$$
\begin{array}{c|ccc}
s^4 & 1 & 44 & 4K \\
s^3 & 11 & K+60 & \\
s^2 & \dfrac{484-60-K}{11} & 4K & \\
s^1 & \dfrac{25\,440-120K-K^2}{424-K} & & \\
s^0 & 4K & &
\end{array}
$$

したがって，安定なゲイン K の範囲は

$$424>K, \quad 110.5>K>-230.5, \quad K>0$$

よりつぎのように求まる。

$$110.5>K>0$$

$K=110.5$ は安定限界であり，そのときの虚軸との交点は s^2 の補助方程式より

$$A(s)=\frac{424-K}{11}s^2+4K=0 \tag{6.22}$$

となり，つぎのように求まる。

$$s=\pm j\sqrt{\frac{4\,862}{313.5}}=\pm j3.94$$

(ix) 分岐点：この問題では分岐点は $0>s>-3$，$-4>s$ の一つずつあるはずである。式 (6.13) より

$$\frac{dG(s)H(s)}{ds} = \frac{s(s+3)(s^2+8s+20)-(4s^4+49s^3+220s^2+412s+240)}{s^2(s+3)^2(s^2+8s+20)^2}$$

$$= \frac{3s^4+38s^3+176s^2+352s+240}{s^2(s+3)^2(s^2+8s+20)} = 0 \qquad (6.23)$$

となり，これを解いて $s=-1.38, s=-4.90, s=-3.18\pm j1.26$ を得る．したがって，分岐点は -1.38 と -4.90 である．

（x）根軌跡の重心：この問題では $n-m=4-1=3\geqq 2$ であるから，根の重心は不変である．その重心は $\sigma=(0-3-4+2j-4-2j)=-2.75$ である．

（xi）ゲイン K の計算：根軌跡上では，ゲインは式（6.15）を使って計算できる．ゲインの値を入れた根軌跡を図 6.4 に示す．

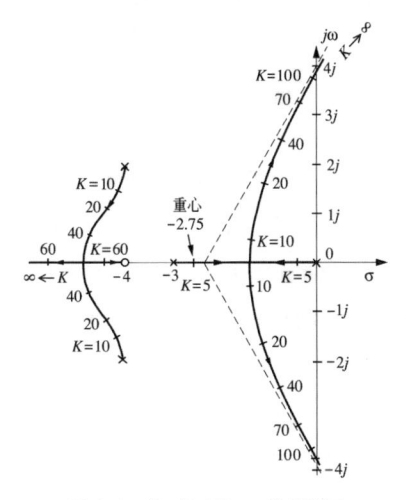

図 6.4 式（6.19）の根軌跡図

6.3 多項式の根を求める計算プログラムによる根軌跡の求め方

根軌跡が作図されると，その根軌跡から多くのことがわかる．例えば図 6.5 の2次系の伝達関数を考えよう．この制御系の根軌跡は，図 6.6 のように求められる．ゲイン K を増大すれば原点の根は実軸上の負の方向へ移動し，次第

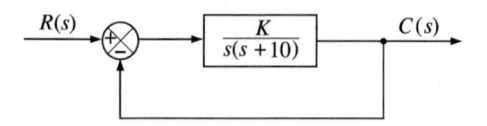

図6.5 2次系の伝達関数

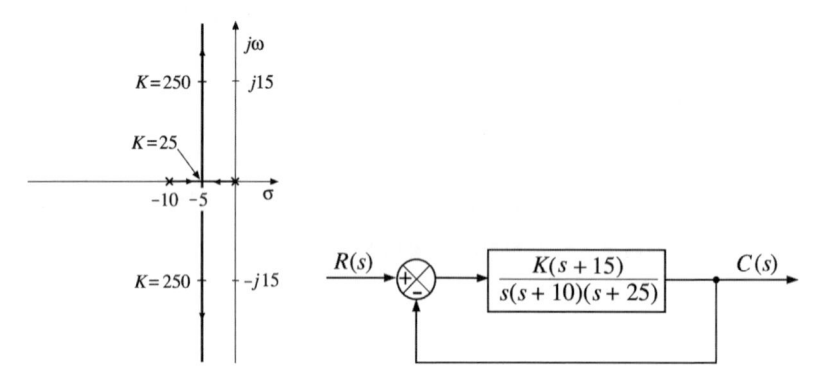

図6.6 図6.5の根軌跡

図6.7 2次系に極と零点を加えた伝達関数

に応答は速くなる。そして，$K=25$ 以上では応答は振動的となる。例えば，$K=250$ では2根は $-5+j15$, $-5-j15$ となり，応答は速いが減衰の悪い根となってしまう。そこで，根軌跡を s 平面の左側へ傾ければこの点は解決されよう。この一つの方法として，**図6.7**のように極と零点で構成される位相進みを付加すると根軌跡は左へ傾く。これは -25 の極と -15 の零点を付加するわけで，**図6.8** の根軌跡となる。-25 の根はゲイン K が増加すると -15 の零点へと移動する。一方「⑩ 根軌跡の重心」の定理によって，この根軌跡の重心は変わらない。したがって，-25 から出発する根は右へ移動するのであるから，原点と -10 より出発する根は図6.6の場合よりも図6.8のように左へ傾く。例えば，$K=360$ では共振根は $-9+j15$, $-9-j15$ と前より減衰の良い特性となる。このように，根軌跡は制御系の設計に便利に使えるが，複雑な根軌跡を描くことが困難である。例えば前節の例題でも，分岐点を求める計算などはきわめてやっかいである。

　一方，根軌跡はゲインの変化とともに，いくつかの多項式の根を求め，その根の移動を図示したものにすぎない。例えば，MATLAB を使えば定係数多項

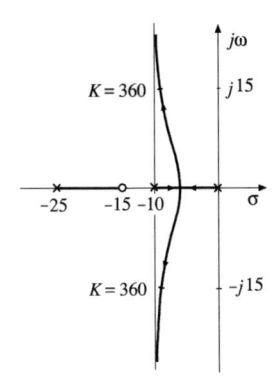

図6.8 図6.7の根軌跡

式の根は容易に求められる。

MATLABは，MathWorks社発行の制御系設計支援ソフトウェアである。これには，Control System, TOOLBOXなどがオプションとして含まれており，ボード線図，ナイキスト線図，ニコルス線図などのグラフ作成に強力なサポートをしており，根軌跡図の作成にもたいへん便利がよい。

MATLABを用いて根軌跡図を求めるには，開ループ伝達関数をつぎのように指定する。

$$G(s) = \frac{num(s)}{den(s)}$$

$$= \frac{num(m)s^m + num(m-1)s^{m-1} + \cdots + num(1)s + num(0)}{den(n)s^n + den(n-1)s^{n-1} + \cdots + den(1)s + den(0)}$$

(6.24)

このプログラムにより図6.9に示す条件安定系の伝達関数の根軌跡を図6.10に示す。この図では原点付近の根軌跡が定かでないので，原点付近を拡大

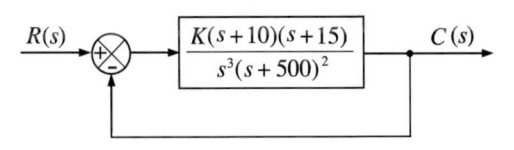

図6.9 条件安定系の伝達関数例

伝達関数: $\dfrac{K(s+10)(s+15)}{s^3(s+500)^2}$

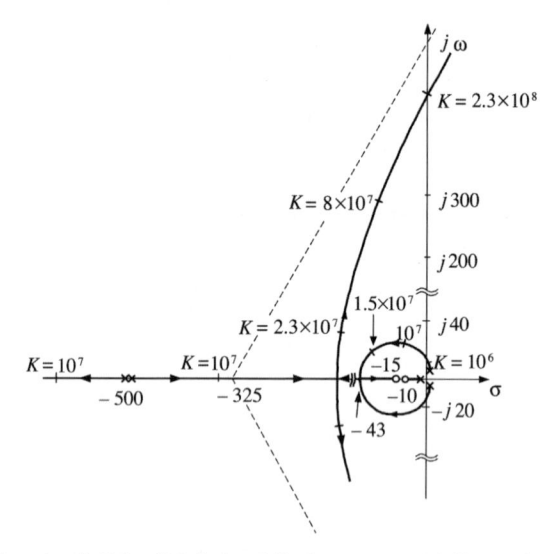

図 6.10 多項式の根を求める計算プログラムにより描いた詳細図

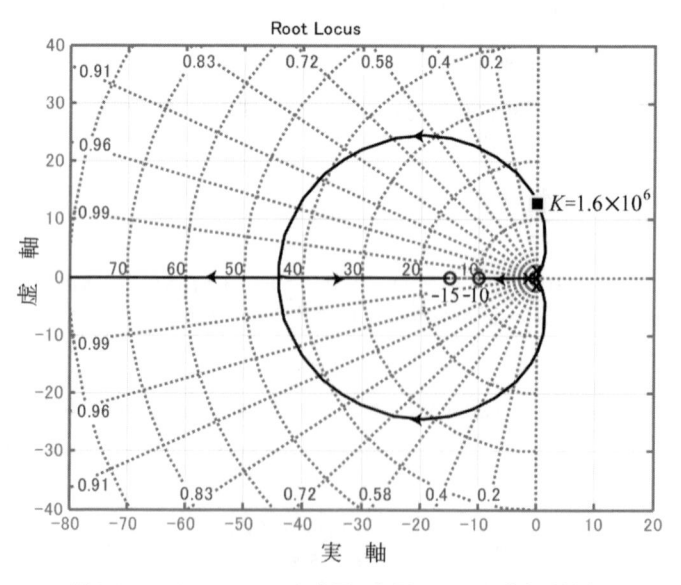

図 6.11 MATLAB ソフトを用いた図 6.10 の原点付近拡大

した根軌跡を図 6.11 に示す。これらの根軌跡より，ゲイン K が $1.6 \times 10^6 < K < 2.3 \times 10^8$ の間だけ安定であることがわかる。

この図を作成するには労力を要するが，使用した MATLAB ソフトを用いれば図 6.11 のように作図され，それによる時間応答特性，周波数応答特性が同時にわかるので，制御系のシステム設計に寄与すること大である。

[章末問題]

6.1 以下の $G(s)$ を前向き要素とする単一フィードバック系の根軌跡を描き，その安定性を調べなさい。

(1) $G(s) = \dfrac{K}{s(4s+1)}$

(2) $G(s) = \dfrac{K(s+1)}{s(4s+1)}$

(3) $G(s) = \dfrac{K}{s(4s+1)(s+1)}$

6.2 開ループ伝達関数がつぎのような単一フィードバック系がある。

$$G(s) = \dfrac{K(s+1)^2}{s(s^2 - 2s + 2)}$$

(1) 根軌跡を描きなさい。

(2) 安定限界ゲインを求めなさい。

6.3 一巡伝達関数が

$$G(s)H(s) = \dfrac{K(s+12)}{s(s^2 + 16s + 100)}$$

なる系において根軌跡を描き，主要根（代表根）に対して減衰比 $\zeta = 0.5$ を与えるように K を決定しなさい。また，特性方程式の根はいくらか。

7 制御系の周波数応答と要求される設計仕様

　制御系設計の最終目標は，制御性の良い系，すなわち安定にして適応性の良い系を構成することである。制御系の性能の善しあしはステップ応答などの時間領域で見るのがわかりやすいが，ボード線図やニコルス線図のような設計ツールが用意された周波数領域の方が制御系設計に適している。そこで，2次系に近似したフィードバック制御系によって，要求される設計仕様を示し，定常誤差，安定性，速応性の3仕様を満足するように周波数領域の特性設計を紹介する。また，プロセス制御でよく知られるPID制御法とサーボ機構の制御で用いられる位相進み・遅れ補償による制御法の対応関係について述べる。

7.1 開ループと閉ループの周波数特性，ニコルス線図

　フィードバック制御系では，図7.1のような単位フィードバック系がよく用いられる。このような制御系の開ループ伝達関数 $G(s)$ と，閉ループ伝達関数 $M(s)=C(s)/R(s)$ の間には次式の対応関係がある。

$$M(s)=\frac{C(s)}{R(s)}=\frac{G(s)}{1+G(s)} \tag{7.1}$$

したがって，周波数応答にも $G(j\omega)$ と $M(j\omega)$ は1対1の対応がある。
　さて，ここで伝達関数 $G(s)$ が s の関数としてわからずに，周波数応答

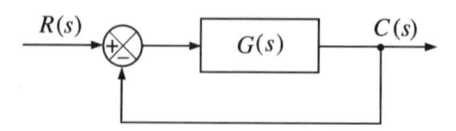

図7.1　単位フィードバック系のブロック線図

7.1 開ループと閉ループの周波数特性,ニコルス線図

$G(j\omega)=|G(\omega)|\angle\phi(\omega)$ のみが実験的に求まった場合,これより閉ループの周波数応答 $M(j\omega)=|M(\omega)|\angle\alpha(\omega)$ を求めることを考えよう。そのためにニコルスによって工夫されたのがニコルス線図である。さて,式 (7.1) を周波数応答に直すと,つぎの関係を得る。

$$|M|e^{j\alpha} = \frac{|G|e^{j\phi}}{1+|G|e^{j\phi}} = \frac{1}{1+\frac{\cos\phi}{|G|}-j\frac{\sin\phi}{|G|}} \tag{7.2}$$

これより閉ループ系のゲインと位相は

$$|M| = \frac{1}{\sqrt{1+\frac{2\cos\phi}{|G|}+\frac{1}{|G|^2}}} \tag{7.3}$$

$$\alpha = \tan^{-1}\frac{\sin\phi}{|G|+\cos\phi} \tag{7.4}$$

を得る。ニコルス線図は,縦軸に開ループゲイン $|G|$ を dB で,横軸に位相 ϕ を deg で書き,式 (7.3) と式 (7.4) を利用して各点の閉ループゲイン $|M|$ と位相 α の値を書き込んだもので,6.3 節で述べたように,MATLAB ソフトのニコルスを使用すれば図 **7.2** のようになる。横方向の曲線群が $|M|$ の等しい値を結んだ等 M 曲線であり,縦方向の曲線群が等 α 曲線である。

この図の使い方は,開ループ周波数応答が求まっている場合,周波数 ω をパラメータに,縦軸にゲイン,横軸に位相をとって書き込み,これより等 M 曲線,等 α 曲線を使って閉ループ周波数応答を読み取る。

さて,実際にこの曲線に書き込んでみると,この図の上あるいは下へはみ出してしまう部分がある。このようなときはどのように考えればよいであろうか。これは一般的な前向き要素 G,フィードバック要素 H を持った制御系にいえることであるが,図の上あるいは下にはみ出すということはループゲイン GH が 1 より相当大きいか,あるいは小さい場合である。このとき,つぎのような関係が存在する。

$$M(s) = \frac{G(s)}{1+G(s)H(s)} \begin{cases} \fallingdotseq \dfrac{1}{H(s)} & (GH \gg 1) \\ \fallingdotseq G(s) & (GH \ll 1) \end{cases} \tag{7.5}$$

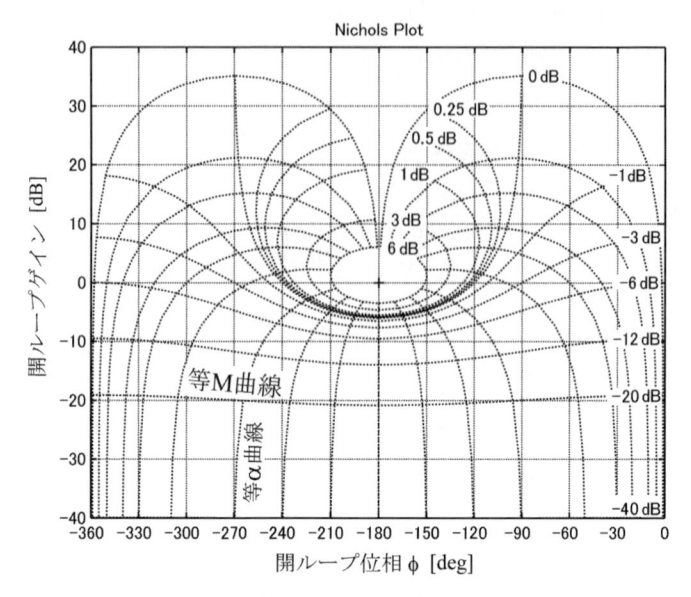

7. 制御系の周波数応答と要求される設計仕様

図 7.2 ニコルス線図

ニコルス線図を使うときは $H(s)=1$ であるから，上へはみ出した場合は $M(s)=1$（ゲイン 0 dB，位相 0°）であり，下へはみ出した場合は $M(s)=G(s)$（ゲイン，位相とも開ループ周波数応答に一致）である．したがって，開ループ周波数応答のゲイン 0 dB を切る周波数（ゲイン交差周波数）の前後を詳しくニコルス線図にプロットすれば，全体の閉ループ周波数応答を得ることができる．

【例題 7.1】 ニコルス線図は開ループ周波数応答と閉ループ周波数応答を結び付ける線図であるので，例題 5.6 の図 5.17 を事例にしてニコルス線図を用いて閉ループ周波数応答を求めてみよう．$K=1$ とした場合のニコルス線図の作成は，MATLAB ソフトの以下の数値設定で求められる．作図の結果を**図 7.3** に示す．

```
num=[15]
den=[1 8 15 0]
ngrid('new')
```

7.1 開ループと閉ループの周波数特性, ニコルス線図

```
nichols(num,den)
title('Nichols Plot')
axis([-225,0,-30,40])
```

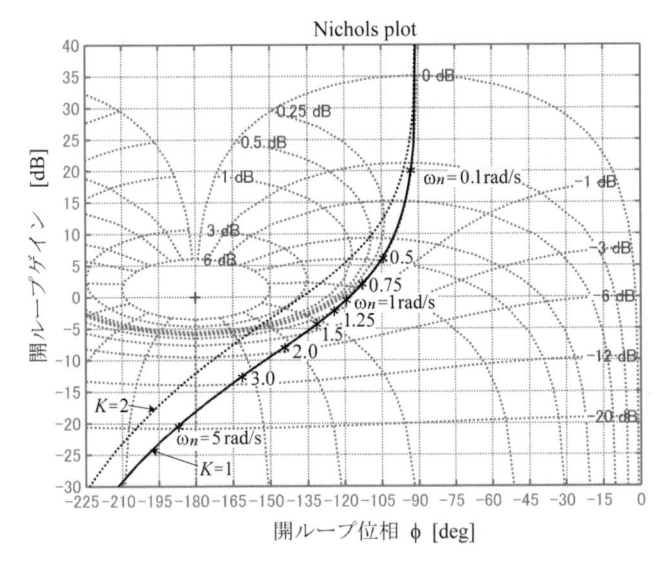

図 7.3 ニコルス線図上の開ループ伝達関数のプロット

このニコルス線図上でカーソルを動かせば，指定した位置で開ループ特性のゲインと位相が読み取られるようになっている．また，その指定した位置での等 M 曲線と等 α 曲線から閉ループ特性のゲインと位相が読み取れる．指定した周波数を軸に，開ループ特性と閉ループ特性を読み取って**表 7.1** にまとめてある．

この閉ループ特性をボード線図に表して**図 7.4** の太い実線で示してある．ち

表 7.1 開ループ特性と閉ループ特性の対応表

周波数	[rad/s]	0.1	0.5	0.75	1.0	1.25	1.5	2.0	3.0	5.0
開ループ特性	ゲイン [dB]	+20	+6	+2	−0.45	−2.3	−5.5	−8.2	−14	−21
	位相 [deg]	−92	−105	−115	−120	−125	−131	−145	−165	−190
閉ループ特性	ゲイン [dB]	0	0	0	−0.5	−1.0	−3	−5	−12	−20
	位相 [deg]	−6	−30	−45	−64	−80	−105	−130	−160	−190

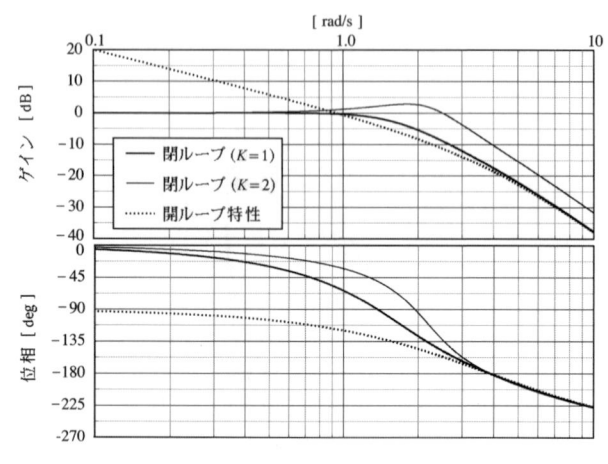

図 7.4 閉ループ特性の周波数応答

なみに，図 5.18 に示した開ループ特性は点線で示してある．このように，開ループ特性がわかれば，ニコルス線図を媒体にして容易に閉ループ特性を知ることができる．

図 7.3 には $K=2$ の場合のニコルス線図も点線で示してある．上述と同様な手順で閉ループ特性のボード線図を描いて図 7.4 の細い実線で示す．図 7.3 では，この場合の曲線は 3 dB の曲線群と接しているので，ボード線図上のピーク値が生長している．さらにゲイン K を大きくしていくと，さらにピークは生長し，$K=8$ で不安定に至る．

7.2　2 次系の周波数応答

フィードバック制御系の中でもサーボ機構の周波数特性は，多少の共振を持つことは許される．したがって，図 7.5 のような周波数特性を考えると 2 次系の周波数応答で近似できることが多い．したがって，設計仕様が周波数特性のみで与えられる場合，それが 2 次系のどのような伝達関数と対応するのかを知ることは重要である．

標準化した 2 次系伝達関数の周波数応答は式（7.6）の形で与えられる．

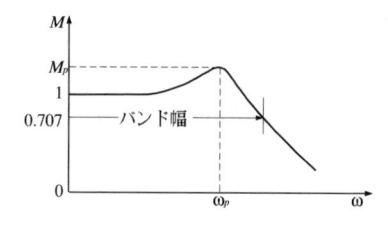

7.2 2次系の周波数応答

図7.5 サーボ機構の周波数特性

$$M(j\omega) = \frac{\omega_n^2}{(j\omega)^2 + 2\zeta\omega_n(j\omega) + \omega_n^2}$$

$$= \frac{\omega_n^2}{\sqrt{(\omega_n^2-\omega^2)^2 + (2\zeta\omega_n\omega)^2}} \times \angle\left(-\tan^{-1}\frac{2\zeta\omega_n\omega}{\omega_n^2-\omega^2}\right) \quad (7.6)$$

この周波数応答のボード線図は,図4.8で与えられている。このゲイン曲線は,ζの小さな値で共振を持つ。式(7.6)のゲイン特性を微分して零と置くことにより,**共振周波数** ω_p と**共振ピーク** M_p を求めることができる。

$$\omega_p = \omega_n\sqrt{1-2\zeta^2} \quad (7.7)$$

$$M_p = \frac{1}{2\zeta\sqrt{1-\zeta^2}} \quad (7.8)$$

この場合の減衰率ζに対するM_pとω_pの変化を図示すると,**図7.6と図7.7**のように与えられる。周波数特性で設計仕様が与えられた場合,設計すべきフィードバック制御系を2次系の伝達関数と考えれば,図7.6と図7.7を使って減衰率ζと無減衰固有振動数ω_nを決めることができる。

ただし,共振が現れるのは,$\zeta<0.707$ の場合である。ピークの存在が明確でない場合はバンド幅が用いられる。**バンド幅**ω_bは,$M=1$から$0.707(-3\,\mathrm{dB})$

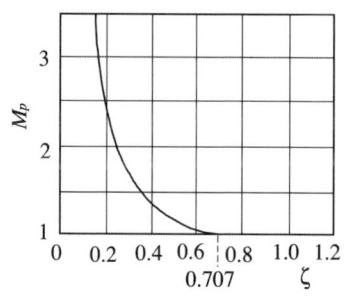

図7.6 2次系の減衰率と共振ピークの関係 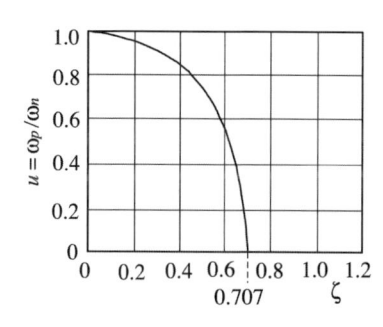   図7.7 2次系の減衰率と周波数比の関係

だけ低下した周波数である。

7.3　フィードバック制御系に要求される設計仕様，性能評価法

　次章よりフィードバック制御系の解析と設計に入るが，その最終目標は，制御性の良い系，すなわち安定にして適応性の良い系を構成することである。そのためには，フィードバック制御系の性能を定量的に評価しなければならない。いままでにも必要に応じてステップ応答あるいは周波数応答に関する評価指数を述べてきた。しかし，それ以外にも最適制御で使われている評価関数といった指標もある。

　性能評価法によって設計法を分類すると，特性設計と最適設計に分けられる。最短時間で目標値に達するとか，限られた動力によって誤差の2乗積分値を最小にする制御とか，関数的な指標を最小（または最大）にするようフィードバック制御系を設計することを**最適設計**という。これに対して安定性，速応性，定常誤差などを表すいくつかの特性を仕様で与え，これを満足するよう設計することを**特性設計**という。このように両者は評価の与え方が異なり，特性設計が少し広い幅を持った融通性のある評価法であるのに対し，最適設計は評価の目標を絞り関数的に明確にしている。

　特性設計に関する手法は，周波数特性による設計，過渡応答による設計，極零配置による設計，これらを組み合わせたコンピュータ利用による設計などがある。周波数特性による設計法は現在最も一般的に利用されているが，コンピュータの普及によって根軌跡や各種の応答が簡単に求められる現在，平面上の極零配置からフィードバック制御系の周波数応答と過渡応答の双方を推定し，設計する方法がいっそう有効性を増している。そこで，本書では特性設計を対象にして，それによる性能評価法について以下に述べる。

7.4 特性設計における性能評価

一般のフィードバック制御系は時間領域で性能仕様を与えるのが自然であり，直感的であろう．通常は特定の入力指令に対して，希望する速応性や安定性を表す過渡特性と定常誤差を表す定常特性によって評価される．フィードバック制御系を過渡応答で性能評価をすれば，つぎの諸項で表される（図 2.6 参照）．

（1）過渡特性 $\begin{cases} 速応性（立上り時間 t_r, 整定時間 t_r） \\ 安定性（行過ぎ量 c_{pt}, 減衰率 \zeta） \end{cases}$

（2）定常特性（定常誤差定数，K_p, K_v, K_a）

しかし，フィードバック制御系はボード線図やナイキスト線図，ニコルス線図のような周波数領域の設計ツールが整備されているので，周波数領域でバンド幅や M_P 規範のような方法で性能評価した方がよい場合が多い．したがって，通常，フィードバック制御系は周波数領域で設計がなされる．周波数領域での性能仕様はつぎのようなものがある．

（ⅰ）ゲイン余裕，位相余裕，ゲイン交差周波数 ω_c
（ⅱ）共振ピーク値（M_p 規範）と共振周波数 ω_p（もしくはバンド幅 ω_b）
（ⅲ）ループゲイン（もしくは定常誤差定数 K_p, K_v, K_a）

例えば，"共振ピーク 3 dB 以下，バンド幅 10 Hz で，速度誤差定数 $K_v=50$ 以上のサーボ機構を設計せよ"のように．これらはボード線図やニコルス線図の図式解法に基づく設計で使用される．（ⅰ）は一巡伝達関数（開ループ伝達関数）の周波数応答をボード線図やニコルス線図上で与える仕様であり，ゲイン余裕，位相余裕は過渡特性における安定性に，またゲイン交差周波数は速応性に対応する．（ⅱ）は閉ループ伝達関数の周波数応答に対応する仕様であり，共振ピークの値を規定する M_p 規範では安定性，共振周波数やバンド幅で速応性の仕様を指定する．（ⅲ）は（ⅰ），（ⅱ）の性能を満足するとき，自動的に満足することもあるが，多くの設計仕様では（ⅰ），（ⅱ）の性能仕様と相反す

る。5章で説明したように，ループゲインを大きくすると安定性が悪くなるから，性能仕様（ⅰ），（ⅱ）と（ⅲ）の間には相反する性質がある。このような場合には，位相進み補償や位相遅れ補償のような特性設計法を行う必要がある。

以上に述べた，時間領域と周波数領域の性能仕様には相互に関連がある。例えば，ステップ応答の速応性と周波数応答のバンド幅，行過ぎ量 c_{pt} と共振ピーク M_p の間には強い関係がある。厳密にいえば，一般の過渡応答は複雑であるから，時間領域で与えられた性能仕様を周波数領域に変換することは容易ではない。しかし，実際にはそう厳密に仕様を指定することは少なく，幸いに大部分の安定なフィードバック制御系の過渡応答は2次系近似を満足する。したがって，2次系近似によって両領域の仕様の変換を行って設計に着手し，必要に応じてフィードバック制御系の修正を行って所要の性能を満足させるのが賢明であり，便利である。そこで，過渡応答と周波数応答による性能仕様の関係について述べておこう。

〔1〕 **過渡応答による性能仕様**

過渡応答の応答速度を表す指標として t_p, t_s, t_r, t_d がある（2.5節参照）。応答が2次系近似できる場合，速応性を行過ぎ時間 t_p と整定時間 t_s で代表させることができる。2次系のステップ応答は4.4節の式 (4.33) で与えられ，この波形は図 **7.8** に示すように，一定周期で極大値と極小値を持つ。それより，行過ぎ時間 t_p と行過ぎ量 c_{pt} は次式で与えられる。

$$t_p = \frac{\pi}{\omega_n \sqrt{1-\zeta^2}} \tag{7.9}$$

$$c_{pt} = e^{-\pi\zeta/\sqrt{1-\zeta^2}} \tag{7.10}$$

減衰振動式 (4.33) の包絡線は $e^{-\zeta\omega_n t}$ であるから，これらの時定数 $\tau = 1/\zeta\omega_n$ によってステップ応答が入力量の2%以内に達する整定時間 t_s はつぎのように表される。

$$t_s = 4\tau = \frac{4}{\zeta\omega_n} \tag{7.11}$$

7.4 特性設計における性能評価

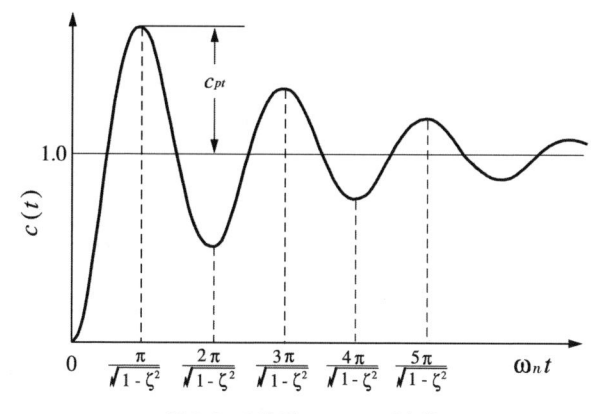

図7.8 2次系のステップ応答

したがって，2次系の伝達関数の安定度は減衰率ζによって評価でき，速応性は$\zeta\omega_n$によって評価できる。通常，時間領域での設計仕様は安定度を行過ぎ量c_{pt}もしくは減衰率ζで与え，速応性をt_sあるいはt_pで与える。結果的にはω_nが速応性の指標となる。減衰率ζの値は，フィードバック制御系では$0.4<\zeta<0.6$にとるのが一般的である。

〔2〕 **周波数応答による性能仕様**

2次系に近似されたフィードバック制御系の時間領域と周波数領域の間の性能仕様の変換は，ζ, ω_nを介してなされる。開ループ伝達関数$G(s)$がつぎのような値を持った単一フィードバック $(H(s)=1)$ 系を考えよう。

$$G(s)=\frac{\omega_n^2}{s(s+2\zeta\omega_n)} \qquad (7.12)$$

この系の閉ループ伝達関数はつぎのような2次系となる。

$$\frac{C}{R}(s)=\frac{\omega_n^2}{s^2+2\zeta\omega_n s+\omega_n^2} \qquad (7.13)$$

式 (7.12) に$s=j\omega$を代入すれば，開ループ周波数応答は

$$G(j\omega)H(j\omega)=\frac{\omega_n^2}{j\omega(j\omega+2\zeta\omega_n)} \qquad (7.14)$$

となる。5.4節で説明したゲイン余裕，位相余裕と一巡伝達関数（開ループ伝達関数）の関係をニコルス線図上で示せば**図7.9**となる。位相余裕は一巡伝達

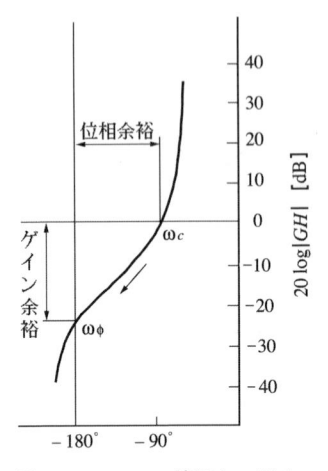

図 7.9 ニコルス線図上のゲイン余裕と位相余裕

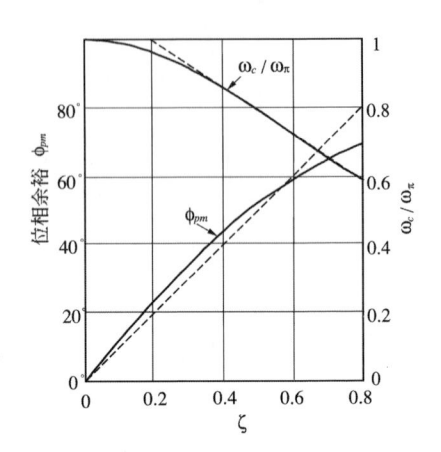

図 7.10 減衰率と位相余裕，ゲイン交差周波数

関数がゲイン 1（0 dB）と交差するとき，−180°より測られた位相角である。そのときの周波数（ゲイン交差周波数）を ω_c とすれば，式（7.14）はつぎのように表される。

$$\frac{\omega_n^2}{j\omega_c(j\omega_c+2\zeta\omega_n)}=1\cdot e^{-j\phi} \tag{7.15}$$

これをゲインと位相に分解すると

$$\text{ゲイン：}\frac{\omega_n^2}{\omega_c\sqrt{\omega_c^2+(2\zeta\omega_n)^2}}=1 \tag{7.16}$$

$$\text{位相：}90°+\tan^{-1}\left(\frac{\omega_c}{2\zeta\omega_n}\right)=\phi \tag{7.17}$$

式（7.16）より ω_c を求めると

$$\omega_c=\omega_n\sqrt{\sqrt{4\zeta^4+1}-2\zeta^2} \tag{7.18}$$

位相余裕 ϕ_{pm} は $\phi_{pm}=180°-\phi$ と定義されるので，式（7.17），（7.18）よりつぎのように表される。

$$\phi_{pm}=90°-\tan^{-1}\left[\frac{1}{2\zeta}\sqrt{\sqrt{4\zeta^4+1}-2\zeta^2}\right]=\tan^{-1}\frac{2\zeta}{\sqrt{\sqrt{4\zeta^4+1}-2\zeta^2}} \tag{7.19}$$

けっきょく，位相余裕は減衰率 ζ のみの関数であり，これを図示すれば**図 7.**

10 のようになる。ϕ_{pm} と ζ の関係を点線で示すような直線近似すれば、傾斜は 0.01 であるので

$$\zeta = 0.01\phi_{pm} \tag{7.20}$$

と単純化して表示される。ただし、位相余裕は度 [deg] を単位とする。この近似は $\zeta \leq 0.7$ の領域で正確であり、フィードバック制御系の時間領域と周波数領域の間で安定度の関係を結ぶ有用な指標である。この式が一つの根拠となって、$\zeta = 0.4 \sim 0.6$ に対するフィードバック制御系の位相余裕は $\phi_{pm} = 40° \sim 60°$ のように与えられる。しかし、2 次系はゲイン余裕を規定することができないので、3 次以上の系に対するゲイン余裕を $10 \sim 20$ dB に規定する。なお、ゲイン交差周波数 ω_c と固有振動数 ω_n の関係は ζ を介して式 (7.18) のように与えられる。時間領域での速応性は $\zeta\omega_n$ で表されたが、周波数領域では ω_c で与えた方が実用的に便利である。この間の変換が必要であり、ω_c/ω_n と ζ の関係を図 7.10 に示す。$\zeta = 0.3 \sim 0.8$ の範囲で実用的な近似値をつぎに示す。

$$\omega_c = \omega_n\left(1.12 - \frac{2}{3}\zeta\right) \tag{7.21}$$

【例題 7.2】 あるサーボ機構の開ループゲインを設定し、位相余裕を 45° にとった。このときのゲイン交差周波数が 100 rad/s である。この系を 2 次系近似し、安定度と速応性を ζ と ω_n で表す。

図 7.10 を用い、位相余裕 $\phi_{pm} = 45°$ に対応する減衰率を求めると、$\zeta = 0.48$ である。また $\zeta = 0.48$ に対応して、$\omega_c/\omega_n = 0.8$ と読める。したがって、この系は

$$\zeta = 0.48, \quad \omega_n = 125 \text{ rad/s}$$

と求まる。これを近似式 (7.20), (7.21) から求めても大差ない。

周波数領域におけるもう一つの有効な性能指標に、共振ピーク M_p と共振周波数 ω_p がある。これは前述の式 (7.7), (7.8) および図 7.6, 図 7.7 で求めたように、2 次系では M_p は減衰率 ζ と、ω_p は固有振動数 ω_n と密接な関係にある。M_p は安定度の目安として、ω_p は速応性の目安として考えることができ

る。このように，M_p, ω_p によってフィードバック制御系の動特性がある程度規定されるから，これらを仕様とした設計法が考えられる。これを **M_p 規範** という。M_p の増大は ζ の減少を意味するので，これが大きすぎると安定度を害する。M_p の値は ζ の特性仕様と対応させると

$$M_p = 1.1 \sim 1.4 \; (0.8 \sim 3 \text{ dB}) \tag{7.22}$$

程度が良いとされる。通常の設計基準として $M_p = 1.3$ (2.3 dB) に選ぶのが最も多い。

【例題 7.3】 図 7.11 のサーボ機構を考える。

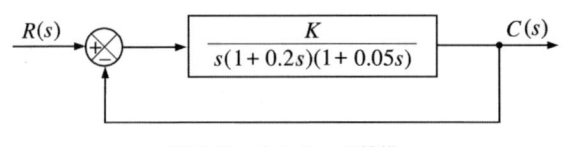

$$R(s) \longrightarrow \bigotimes \longrightarrow \frac{K}{s(1+0.2s)(1+0.05s)} \longrightarrow C(s)$$

図 7.11 あるサーボ機構

（ⅰ）開ループゲイン K を設定し，位相余裕を 45° とする。そのときのループゲイン K とゲイン交差周波数 ω_c を求める。

（ⅱ）つぎに M_p 規範で $M_p = 1.3$ と与えたときのループゲイン，共振周波数 ω_p，バンド幅 ω_b を求める。

（ⅲ）両仕様で求めたゲインや周波数を比較する。

開ループ伝達関数の周波数応答を**図 7.12** に示す。太い実線で示した $K=1$ の場合にはゲイン余裕 28 dB，位相余裕 70° であり，十分な余裕がある。位相曲線が $-135°$（位相余裕 45°）の周波数でゲイン曲線を読むと -14 dB である。したがって，ゲインを $K=5$ に選べば位相余裕は 45° となり，ゲイン交差周波数は $\omega_c = 3.7$ rad/s となる。

つぎに，この開ループ周波数応答をニコルス線図上にプロットする。$K=1$ のボード線図より，$\omega = 1, 2, 4, 6, 10$ rad/s の周波数におけるゲインと位相を読み，それをニコルス線図の縦（ゲイン）と横（位相）の座標でプロットし，線で結ぶと，**図 7.13** の実線となる。ニコルス線図上で 3 dB（$M_p = 1.41$）の等 M 曲線に接するまでゲイン・位相曲線を上昇させると M_p 規範が満足される。

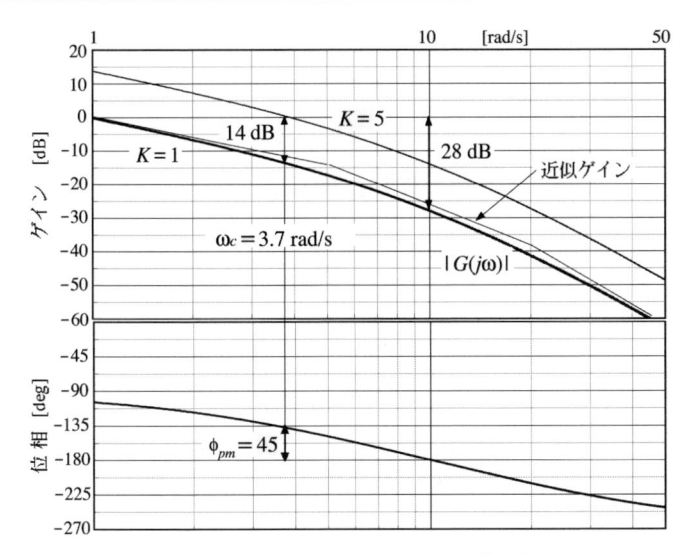

7.4 特性設計における性能評価　　113

図7.12　開ループ伝達関数の周波数応答

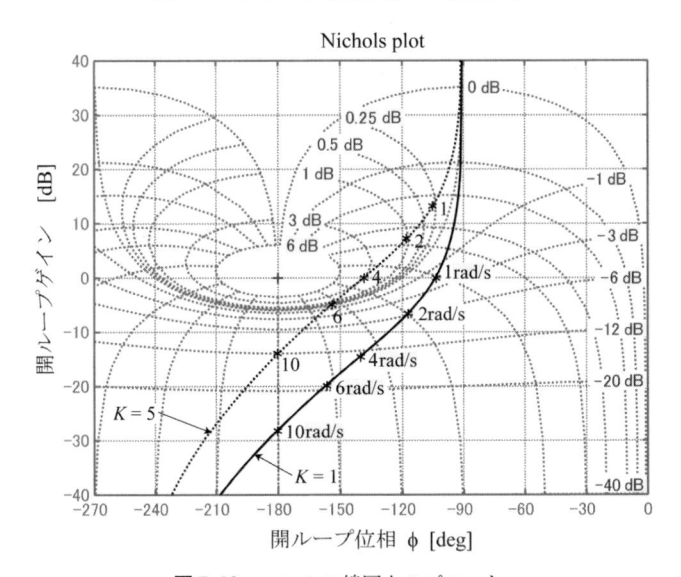

図7.13　ニコルス線図上のプロット

このときのゲインは$K=5$ (14 dB)であり，共振周波数$\omega_p=4$ rad/sを得る。$M=-3$ dBの曲線と点線で示したゲイン位相曲線が交わる点の周波数がバンド幅$\omega_b=6.5$ rad/sを与える。このように，ニコルス線図を用いれば，開ルー

プ伝達関数から閉ループ伝達関数が推定できるので特性設計のめどが立てやすい。

7.5 s 平面上の根配置による性能仕様

根軌跡によって示されたフィードバック制御系は，s 平面上の根配置から過渡応答と周波数応答の両方を知ることができる。したがって，過渡応答，周波数応答によって与えられた性能仕様を s 平面上に変換すれば，根軌跡法によって設計できる。

フィードバック制御系の過渡応答は特性方程式

$$1+G(s)H(s)=0 \tag{7.23}$$

により決まる。これはつぎのように分解される。

$$\prod_{i=1}^{k}(s+p_i)\prod_{j=1}^{l}(s^2+2\zeta_j\omega_{nj}s+\omega_{nj}^2)=0 \tag{7.24}$$

この系のステップ応答は 4.4 節でも求めたように，つぎのような形となる。

$$c(t)=A+\sum_{i=1}^{k}B_i e^{-p_i t}+\sum_{j=1}^{l}E_j e^{-\zeta_j\omega_{nj}t}\times\sin\left(\sqrt{1-\zeta_j^2}\omega_{nj}t+\phi_j\right) \tag{7.25}$$

ここで，A, B_i, E_j, ϕ_j は初期条件などによって決まる定数である。

式 (7.24) の根の一つずつを s 平面上にとれば**図 7.14** となる。制御系の動

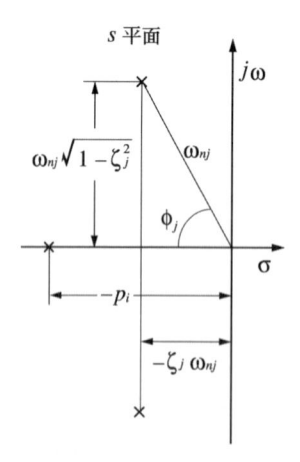

図 7.14 根配置

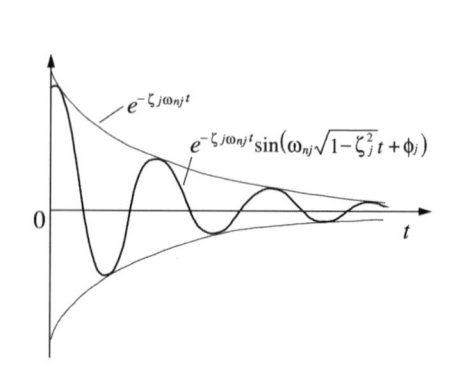

図 7.15 2次系の過渡応答

特性は s 平面上の原点に最も近い根（代表根という）によって支配される。サーボ機構においては，原点に最も近い複素根をもって代表振動根としている。この根の過渡応答は式 (7.25) の第3項であり，これを図示すると図 7.15 を得る。つまり応答の整定時間は共役根の実数部に依存しており，虚数部は減衰円振動数を定めている。この実部と虚部の作り出す角 ϕ は減衰率 ζ との間につぎの関係を持つ。

$$\cos \phi = \zeta \tag{7.26}$$

それゆえ，2次系に近似されたサーボ機構では s 平面上の負実軸と代表振動根の実部が速応性を決める。したがって，s 平面上で好ましい応答を示す代表根の存在すべき領域は，図 7.16 のように指定できる。

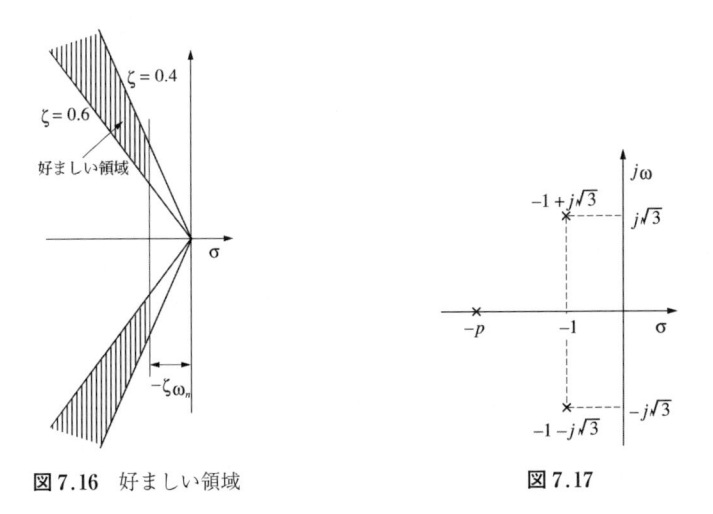

図 7.16　好ましい領域

図 7.17

つぎに，代表振動根以外に実軸に根が存在するつぎの伝達関数を考えてみよう。

$$\frac{C(s)}{R(s)} = \frac{4p}{(s+p)(s^2+2s+4)} \tag{7.27}$$

これにより2次系近似できる限界を考えてみる。式 (7.27) の根配置を s 平面上に表せば図 7.17 となる。3次系の伝達関数で，その実根が $p > 5\zeta\omega_n$ であれば十分に2次系で近似できる。実用的には振動根実部の3倍 $(p > 3\zeta\omega_n)$ でも2

次系近似してよい。実根がそれ以下の場合には，振動根の減衰率 ζ を小さく（$\zeta<0.4$）した方が応答は速くなる傾向がある。

7.6 定常特性とループゲイン

定常特性を評価する目的は制御系の制御精度を知ることであり，定常誤差の大小をもって制御精度の尺度とする。定常誤差は 4.5 節に述べたように制御系および入力信号の形と密接な関係を持っている。制御系は一巡伝達関数が原点に持つ極の数によって，0 型の系，1 型の系，2 型の系…と呼ばれる。試験入力信号をステップ入力，ランプ入力および加速度（パラボリック）入力として与えたときの制御系の型と定常誤差の関係を表 4.1 に示した。K_p, K_v, K_a は位置，速度および加速度誤差定数であるが，これらはループゲイン K と一致する。

制御系の誤差定数 K_p, K_v および K_a は定常誤差を減少または除去するための能力を表すので，ループゲイン K の大きさで定常特性の善しあしを判断できる。サーボ機構の目的は，制御量を目標値の任意の変化に追従させることである。そのために，サーボ系は 1 型もしくは 2 型の系が用いられる。3 型の系以上は安定性に問題があり，ほとんど使用されない。1 型の系の場合，位置入力に対する誤差は零であるが，速度入力に対する誤差は残る。この誤差はゲイン K の大きさに反比例するので，良い定常特性には大きな K の値を持ったサーボ系を構成する必要がある。しかし，単なるゲイン K の増加は系を不安定化する。そこでフィードバック制御系もしくはサーボ機構の設計は，許容できる誤差定数を決め，同時に過渡応答（または周波数応答）を好ましい範囲に収める補償などの技術を使うことである。

【例題 7.4】 1 型のサーボ機構に 20 cm/s の三角波（ランプ入力の繰返し）を与えたところ，図 7.18 のような波形を得た。これより定常誤差は 2 mm と読み取れた。この系のループゲイン K を求める。

ループゲイン K とランプ入力 R，定常誤差 e_{ss} は式 (3.15)，(4.44) を用

いてつぎのように表される（ただし $G(s)=KG'(s)/s$）。

$$e_r=\lim_{t\to\infty} e(t)=\lim_{s\to 0}\frac{R/s}{1+\dfrac{K}{s}G'(s)}=\frac{R}{K} \tag{7.28}$$

これよりループゲイン K はつぎのように求まる。

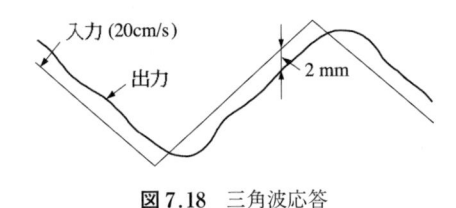

$$K=\frac{R}{e_r}=\frac{\text{ランプ入力 200 mm/s}}{\text{定常誤差 2 mm}}=100 \tag{7.29}$$

図 7.18 三角波応答

7.7 特性設計の要点

1章において，古典制御では**特性設計**の仕様は，**定常誤差**，**安定性**，**速応性**の3仕様を満足するように設計が行われると述べた。そのように，フィードバック制御系は時間領域で性能仕様を与えるのが自然であるが，ボード線図やナイキスト線図，ニコルス線図のような周波数領域の設計ツールが整備されているので，周波数領域でバンド幅や M_p 規範のような方法で性能評価した方が設計上都合が良い。そこで，時間領域で与えられた要求性能を周波数領域に置き換えることが必要である。その対応関係は，制御系を2次系に近似することによって，**表 7.2** のようになる。

周波数領域では，開ループ伝達関数と閉ループ伝達関数による仕様の与え方

表 7.2 時間領域と周波数領域の要求性能の対応

	時間領域の仕様	周波数領域の仕様	
		開ループ伝達関数	閉ループ伝達関数
安定性	減衰率 $0.4<\zeta<0.6$	位相余裕 $40°<\phi_m<60°$	共振ピーク値 M_p
速応性	整定時間	ゲイン交差周波数 ω_c	ピーク周波数 ω_p，バンド幅 ω_b
定常特性	定常誤差 K_p, K_v, K_a	ループゲイン K	

があるが，開ループ伝達関数を定めることによって閉ループ伝達関数が定まるので，古典制御理論では開ループ系の設計を行う．**図 7.19** には望ましい開ループ周波数特性の概要を示している．

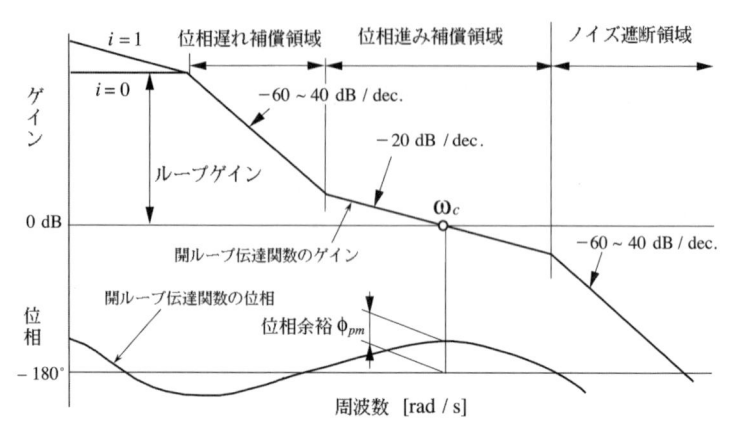

図 7.19 開ループ周波数特性で与えられる仕様

すなわち，開ループ伝達関数のゲインが 0 dB を横切る周波数 ω_c で所定の位相余裕 ϕ_{pm}（$-180°$ から見た位相進み量）を得るにはその付近のゲインの勾配を -20 dB/dec. にすることが必要である．この所定の位相余裕を得るために後に述べる位相進み補償が用いられるので，この領域を**位相進み補償領域**と呼ぶ．そして，ゲイン交差周波数より低い周波数でゲイン勾配を大きくすると，ループゲインを大きくすることになり，定常誤差を少なくすることができる．これは，後に述べる位相遅れ補償で実現できるので，**位相遅れ補償領域**と呼ぶ．さらに，ゲイン交差周波数より高い周波数でも，ゲイン勾配を大きくしてゲインを低下させるとノイズの遮断ができる．

7.8 特性設計における制御系補償法

制御系が所要の性能を満たすように，フィードバックループの中に適当な機能を挿入する方法を**補償法**という．これには**図 7.20**（a）の左側のように出力に対して前向き経路に置く場合と，図（b）のようにフィードバック経路に置

7.8 特性設計における制御系補償法

(a) 直列補償

(b) フィードバック補償

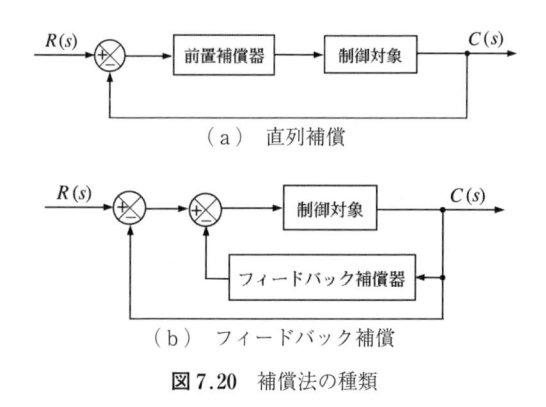

図7.20 補償法の種類

く場合があり，前者を**直列補償**，後者を**フィードバック補償**と呼ぶ。古典制御で扱うプロセス系やサーボ系では，速応性，安定性，定常誤差などの特性設計の仕様を満たす設計法が確立されている直列補償がよく用いられており，フィードバック補償は速度フィードバック，加速度フィードバックのような限定的使用にとどまっている。逆に，現代制御では**状態フィードバック**と呼ばれて，フィードバック制御が主流である。

直列補償法としてプロセス制御では古くからPID制御法が用いられてきた。また，サーボ機構では位相進み・遅れ補償法が一般的に用いられている。前者はステップ応答を基に制御パラメータを定めるのに対して，後者は周波数応答とそれに基づく設計ツールによって制御パラメータを定めている。そこで，まず両者の対応関係について述べておく。

7.8.1 PID制御法

1章で述べたように，PID制御はP動作を行う比例制御，I動作を行う積分制御，D動作を行う微分制御の3動作からなる制御である。感覚的には制御の基本機能を包含したPID制御はプロセス制御を対象に活用され，コントローラの調整には限界感度法やステップ応答法が用いられてきた。これは，比例ゲインを増大してステップ応答により発振限界を見極めて，希望する応答になるように微分ゲインと積分ゲインを調整する方法なので，3ゲインを適宜配分す

る一種の調整法である。

PID 制御では，入力信号とフィードバック信号の誤差 $e(t)$ に対するコントローラの伝達関数 $G_{PID}(t)$ は，以下のように定式化されている。

$$G_{PID}(t) = K_P e(t) + K_I \int_0^t e(t)dt + K_D \frac{de(t)}{dt} \tag{7.30}$$

そこで，$K_I = K_P/T_i$, $K_D = K_P T_d$ と置いて，これをラプラス変換すると次式で表される。

$$G_{PID}(s) = K_P \left(1 + \frac{1}{T_I s} + T_D s\right) E(s) \tag{7.31}$$

ここに，K_P, K_I, K_D はおのおの比例ゲイン，積分ゲイン，微分ゲインであり，T_I, T_D は積分時定数，微分時定数である。この3ゲインの設定にジーグラーとニコルスによる限界感度法やステップ応答法がとられてきた。例えば，不安定直前の限界ゲイン K_u と限界周期 P_u がわかれば，ステップ応答法では $K_P = 0.6 K_u$, $T_I = 0.5 P_u$, $T_D = P_u/8$ に定めるといった具合である。しかし，一般的なプロセス制御のような緩やかに応答する制御系では適用できても，応答速度に幅のあるフィードバック制御系には，ステップ応答法による PID 制御は適切でなく，幅の広い応答が表現できる周波数応答法が適している。

7.8.2 位相進み・遅れ補償による制御系設計法

一方，位相進み・遅れ補償による制御系設計法は後述する特性設計の中核をなしている。この制御系設計法では制御対象の周波数領域を図7.19に示すように高域と低域に二分し，高域では位相進みを持たせる安定性設計，低域ではゲイン増加による定常特性設計に分担しているので，8章で扱う特性設計に沿っている。設計ツールは前述のボード線図や根軌跡，ニコルス線図などを駆使した制御系設計法である。本書では位相進み・遅れ補償による制御法が制御系設計の中核をなすので，この制御法と PID 制御とのかかわりについて述べておく。

位相進み補償の伝達関数 $G_{lead}(s)$ は式（7.32）で表され，$1/(T_d \alpha_d) < \omega <$

$1/T_d$ の領域で位相を進めることによって安定性の設計を行う。α_d は位相進みの度合いを表す設計パラメータであり，$\alpha_d>1$ に設定され，このパラメータと位相進み角の関係は後述する。

$$G_{lead}(s) = \frac{T_d\alpha_d s + 1}{T_d s + 1} \tag{7.32}$$

位相遅れ補償の伝達関数 $G_{lag}(s)$ は式 (7.33) で表され，$1/(T_i\alpha_i)>\omega$ の領域でゲインが $20\log\alpha_i$ [dB] だけ増加できるので，定常特性の向上に寄与する。なお，この伝達関数の導出についても後述する。

$$G_{lag}(s) = \frac{T_i s + 1}{T_i \alpha_i s + 1} \tag{7.33}$$

位相進み・遅れ補償の伝達関数 $G_{lead-lag}(s)$ は，これらの組合せによる式 (7.34) で表される。

$$G_{lead-lag}(s) = K_P\frac{T_i s + 1}{T_i\alpha_i s + 1} \times \frac{T_d\alpha_d s + 1}{T_d s + 1} = K_P\frac{T_d\alpha_d T_i s^2 + (T_d\alpha_d + T_i)s + 1}{(T_i\alpha_i s + 1)(T_d s + 1)} \tag{7.34}$$

このように位相進み・遅れ補償系では，設計すべき周波数領域を二分することによって，安定性と速応性の設計はパラメータ α_d, T_d によって，また定常特性は α_i に集約されており，8章で述べる特性設計に適合している。

7.8.3 PID制御法と位相進み・遅れ補償による制御法の対応関係

そこで，まずPID制御法と位相進み・遅れ補償による制御法の対応関係について述べておく。PID制御におけるコントローラの伝達関数は式 (7.31) で示されるが，微分要素を広帯域にわたって実現することは不可能であり，また積分要素を極低周波数まで実現することも不可能なので，近似的に次式を利用する。

$$\begin{aligned} G_{PID}(s) &= K_P\left(1 + \frac{1}{T_I s + \tau_l} + \frac{T_D s}{\tau_h s + 1}\right)E(s) \\ &= K_P\left(1 + \frac{1/\tau_l}{(T_I/\tau_l)s + 1} + \frac{T_D s}{\tau_h s + 1}\right)E(s) \end{aligned} \tag{7.35}$$

ここに，τ_l はコントローラによって実現できる下限時定数，τ_h は実現できる上限時定数である．この式を展開すれば以下のように表現される．

$$G_{PID}(s)=K_P\left(\frac{[(T_I/\tau_l)\tau_h+(T_I/\tau_l)T_D]s^2+[(T_I/\tau_l)+\tau_h+T_D+(1/\tau_l)\tau_h]s+[1+(1/\tau_l)]}{[(T_I/\tau_l)s+1](\tau_h s+1)}\right)E(s)$$

(7.36)

式 (7.34) と式 (7.36) を比較すれば，両者は構造的に類似であることがわかる．しかし，位相進み・遅れ補償法では，図 7.19 の開ループ周波数特性を位相進み領域と位相遅れ領域に二分することによって，設計すべきパラメータをそれぞれ二つに絞りこんでいるのに対して，PID 制御では T_I, T_D 以外に τ_h, τ_l の設計上不確定な二つのパラメータが介在し，分子項は位相進み・遅れ補償法のように周波数領域を明確に二分する伝達関数の構造になっていない．本来，PID は時間領域の設計法なので，その必要も発想もないのである．

本書では，設計ツールが整備された周波数領域の設計を主眼にしているので，PID 制御の説明はこの程度にとどめ，位相進み・遅れ補償系の設計に必要な補償器の構造と補償法について述べる．

7.8.4 位相進み・遅れ補償器とその周波数応答特性

図 7.21 には位相進み・遅れ補償器と伝達関数，およびその周波数特性の特徴を示す．位相進み補償では ω_{max} において最大の位相進み角が得られており，その値はパラメータ α_d により定まる．したがって，位相余裕の不足分を基に α_d が決定され，最大位相進み角を定める周波数 ω_{max} から T_d が定まる．また，位相遅れ補償では位相が 0° に復元する周波数でゲインが $-20\log\alpha_i$ [dB] だけ低下している．逆に解釈すれば，低周波数で $20\log\alpha_i$ [dB] だけループゲインを大きくするようにパラメータ α_i を設計できるのである．この性質を上手に使うと低周波数でループゲインを所用の値に定めながら，安定性を確保できるのである．この伝達関数の導出については 8 章で述べる．

補償回路		回路定数
直列補償法	位相進み補償 (回路図: R, C, R_f, R_i, 演算増幅器, e_{in}, e_{out})	$\dfrac{e_{out}}{e_{in}} = K \dfrac{T_d \alpha_d s + 1}{T_d s + 1}$ $K = \dfrac{R_f}{R_i},\ \alpha_d = \dfrac{R_i + R}{R},\ T_d = RC$ $\phi_{max} = \tan^{-1} \dfrac{\alpha_d - 1}{2\sqrt{\alpha_d}},\ \omega_{max} = \dfrac{1}{T_d \sqrt{\alpha_d}}$
	位相遅れ補償 (回路図: R, C, R_f, R_i, 演算増幅器, e_{in}, e_{out})	$\dfrac{e_{out}}{e_{in}} = K \dfrac{T_i s + 1}{T_i \alpha_i s + 1},\ T_i = RC$ $K = \dfrac{R_f}{R_i},\ \alpha_i = \dfrac{R_f + R}{R},\ \omega_c \geqq \dfrac{10}{T_i}$ 低下ゲイン：$-20 \log \alpha$ dB

(a) 位相進み補償回路の周波数特性　　(b) 位相遅れ補償回路の周波数特性

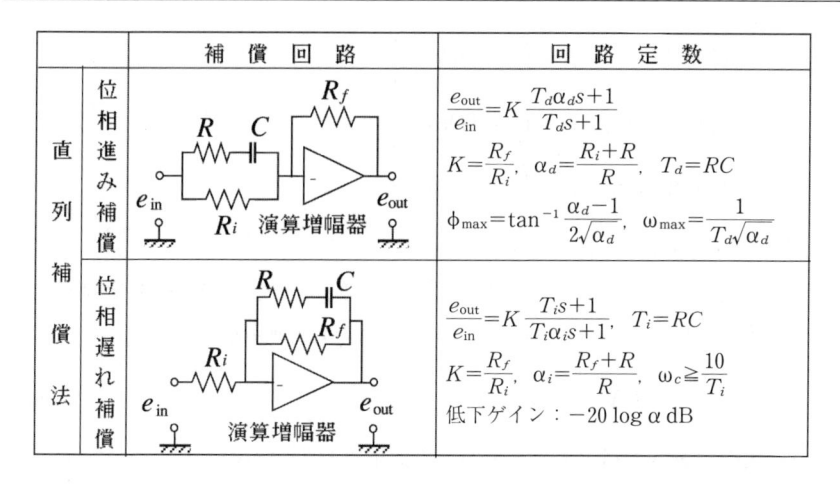

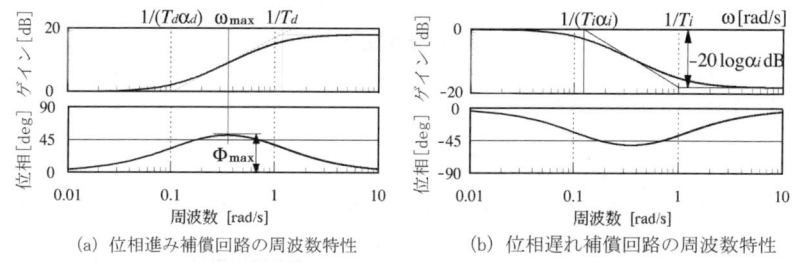

図 7.21 位相進み・遅れ補償回路とその周波数応答特性

7.9 評価関数

いままで述べてきた性能仕様は，サーボ機構の実際の設計に便利で広く使われてきた。しかし，設計仕様の与え方は式 (7.37) に示すように幾通りか考えられ，ある設計仕様に対する設計結果も何通りか存在する。厳密なサーボ系の設計では，これらの結果を定量的に評価し，最も良いものを求めることが必要となる。そのために考えられたのが評価関数である。この考え方から発展したのが最適制御理論である。広く使われる評価関数には式 (7.37) のようなものがある。

$$
\left.\begin{aligned}
\text{(制御面積)} \quad & J_1 = \int_0^\infty e(t)dt \\
\text{(荷重制御面積)} \quad & J_2 = \int_0^\infty te(t)dt \\
\text{(自乗面積 ISE)} \quad & J_3 = \int_0^\infty e^2(t)dt
\end{aligned}\right\} \tag{7.37}
$$

ここで，$e(t)$ は誤差を表す．

一般に最適制御で使われる評価関数 J は，2次形式の状態量 X と制御量 U からなる評価量を最小にする式 (7.38) の形式のものが利用される．

$$
J = \int_0^\infty [X^T Q X + U^T R U] dt \tag{7.38}
$$

この形式の評価関数は文献 23)〜25) で活用されているので参照されたい．

[章末問題]

7.1 開ループ伝達関数が

$$G(s) = \frac{K}{s(0.5s+1)(0.2s+1)}$$

の場合，$K=1$ のニコルス線図を描きなさい．また，$M_p=1.2$ とするには K をいくらに定めればよいか．ニコルス線図を用いて求めなさい．

7.2 開ループ伝達関数が以下の式で示されるとき，位置誤差，速度誤差および加速度誤差を求めなさい．ただし，$M_p=1.2$ とする．

(1) $G(s) = \dfrac{K}{(s+10)(s+50)}$

(2) $G(s) = \dfrac{K}{s(s+10)(s+50)}$

7.3 以下は，4章の問題で扱った位相進み補償系と遅れ系の伝達関数である．それぞれの周波数特性を示しなさい．

(1) $G(s) = \dfrac{Ts+1}{Ts/\alpha+1}$ \quad $\alpha=0.05, 0.1$

(2) $G(s) = \dfrac{\alpha(Ts+1)}{\alpha Ts+1}$ \quad $\alpha=0.05, 0.1$

7.4 開ループ伝達関数が以下の式で示されるとき，$M_p=1.2$ になるようにゲイン K を決定し，そのときの ω_p を求めなさい．

$$G(s) = \frac{K}{s(1+1.2s)(1+0.3s)}$$

8 フィードバック制御系の特性設計

本章では7章までに述べられたフィードバック制御系の基礎事項に沿って，直列補償による制御系の特性設計とその応用例を扱う．代表的な直列補償器である位相進み・遅れ補償器が，ボード線図，根軌跡図，ニコルス線図などを用いて設計されていく手順を示す．

8.1 特性設計の手順

フィードバック制御系の特性設計は，おもに制御機器の選定決定を行う第1段階と，設計目標に合うように具体的にゲイン調整や補償回路の値を算定する第2段階に分けて考えるのが普通である．第1段階では，設置条件や経費の問題，要求される制御性能などを考慮して構成された制御系について，3.5節の応用例で示したような数学モデルを作り，動特性の解析によって調和のとれた機器構成になっているか否か調べる．第2段階では，7章までに述べられたいろいろな方法を十分に活用して，まずゲイン調整だけで要求されるサーボ性能が満足され得るかどうかを調べる．ゲイン調整だけでは満足されないとき，その制御系の構成を再検討して，再設計しなければならない．所要の性能を得るように，制御系の構成へ適当な部品を挿入することを**補償**といい，その部品を**補償器**または**補償回路**と呼んでいる．

制御系の補償法については，図7.21の補償法の種類で述べたように，補償器を前向き経路に置く場合と，フィードバック経路に置く場合があり，前者の補償法を**直列補償**，後者を**フィードバック補償**と呼んでいる．直列補償には補

償回路と増幅器が一対になって用いられ，設計の手続きが面倒でない．一方，フィードバック補償の手続きは直列補償に比べ面倒な点が多いが，フィードバックループが増えることにより，制御対象の特性変化や非線形性をも改善する効果がある．また，実機に組み込んだ後の補償量の修正が容易なために実用的である．

この章では，第1段階の設計を経たものとして，第2段階の設計，直列補償とその応用事例について述べる．

8.2 ゲイン調整

構成された制御系は，まずループゲイン K の調整によって所要のサーボ性能が満足されるかどうかを調べる．図3.28に示したサーボモータによる角度制御系に諸定数を代入し，さらに1次の遅れ要素を追加して，図3.29に示したブロック線図が，**図8.1**のようなブロック線図に置換されたとしよう．ただし，この場合のループゲイン K は，コントローラの伝達関数 $G_c(s)$ を可変ゲイン K_c に置換し，さらに $K=K_cK_iK_b/n$ に統合した値である．したがって，ゲイン調整はこの可変ゲイン K_c によってなされるものとする．

通常は，図8.1によって周波数領域の特性設計が行われるが，一般性を持たせる意味で，式 (8.1)，(8.2) のような置換を行う．

(a) ある角度制御系のブロック線図

伝達関数: $\dfrac{K}{s\left(\dfrac{1}{100}s+1\right)\left(\dfrac{1}{400}s+1\right)\left(\dfrac{1}{2000}s+1\right)}$

(b) スケール変換した角度制御系のブロック線図

伝達関数: $\dfrac{\bar{K}}{\bar{s}(\bar{s}+1)(\bar{s}/4+1)(\bar{s}/20+1)}$

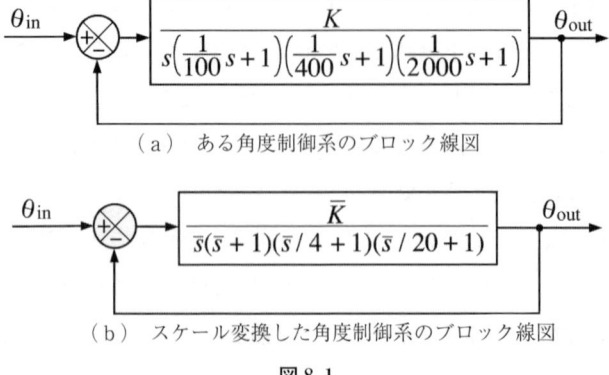

図8.1

8.2 ゲイン調整

$$s = 10^2 \bar{s} \tag{8.1}$$

$$K = 10^2 \bar{K} \tag{8.2}$$

こうすることによって，図8.1（a）に示したブロック線図は図8.1（b）のように変換される．このような変換を**スケール変換**と呼んでいる．

そこで，図8.1（b）に示された開ループ伝達関数の式（8.3）の $G(s)$ について

$$G(s) = \frac{K}{\bar{s}(\bar{s}+1)(\bar{s}/4+1)(\bar{s}/20+1)} \tag{8.3}$$

$\bar{K}=1$ と定めて，これをボード線図に表せば**図8.2**のようになる．位相余裕は40°，ゲイン余裕は12 dBとなっており，表7.2に示す位相余裕の仕様を満たしていることがわかる．また，ゲイン交差周波数は $\omega_c = 0.8$ rad/s となっている．式（8.1），（8.2）によって実際の値に戻せば

$$K = 100, \quad \omega_c = 80 \text{ rad/s}$$

と得られる．式（7.20），（7.21）を用いて，ゲイン調整により得られるこのサーボ系の定常特性，過渡特性を示せば

$$\zeta = 0.4, \quad \omega_n = 93.8 \text{ rad/s}, \quad K_v = 100 \text{ s}^{-1}$$

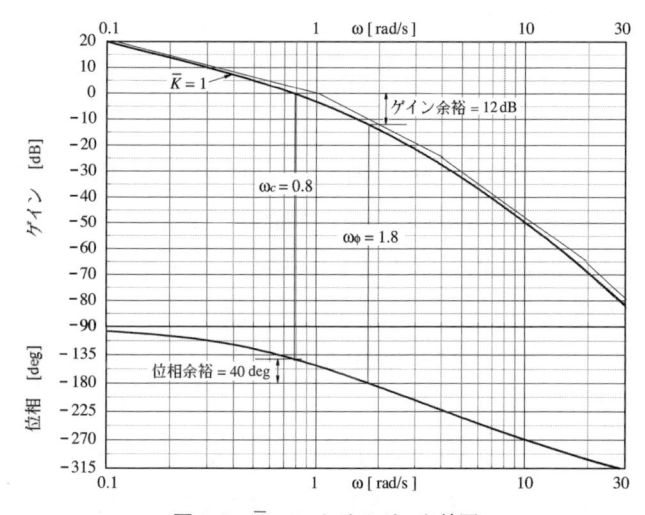

図8.2　$\bar{K}=1$におけるボード線図

となっている．

一方，$\bar{K}=1$として図8.2に示された開ループ特性をニコルス線図上に描き，$\bar{K}=2,5$と変化させた例を**図8.3**に示す．$\bar{K}=1$において$M_p=1.5$ (3.5 dB)であったものが，$\bar{K}=2$では$M_p=10$ dBに接近しており，サーボ系が必要とする安定性を損なっていることがわかる．もしも$K_v \geqq 500$ s^{-1} ($\bar{K} \geqq 5$) が必要とされる場合，この系は明らかに不安定で使用に供し得ない．

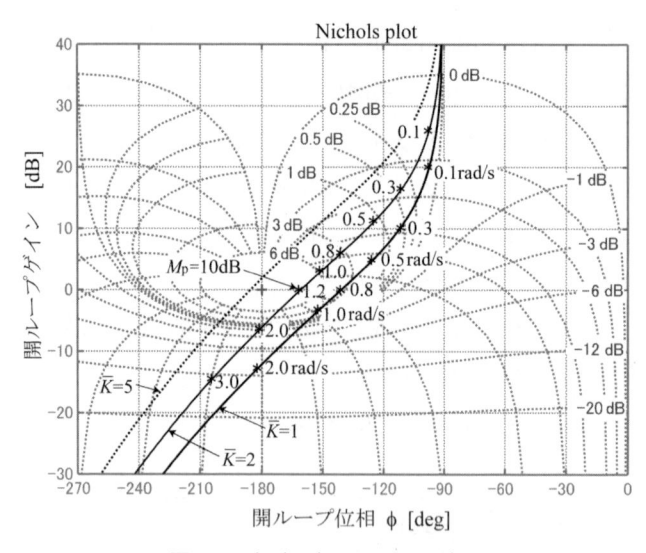

図8.3 式 (8.1) のニコルス線図

図8.4は，図8.3に示す$\bar{K}=1$の曲線から，閉ループゲイン，位相値を読み取り，ボード線図によって示した閉ループ特性である．$M_p=3.5$ dB (1.5)，$\omega_n=0.9$ rad/s（位相曲線が$-90°$を通る周波数）となっており，位相余裕によって推定した値と近い値になっている．この場合のバンド幅はBW=1.35 rad/sである．$\bar{K}=2$では$M_p=10$ dBに接近しており，安定度が不足している．

そこで図8.3を例にとって，点線で表示した$\bar{K}=5$，すなわち$K_v=500$ s^{-1}が指定された場合について考えてみよう．もはや，ゲイン調整だけでは前述の仕様は満足されないので，補償器の導入によらなければならない．つぎに，シ

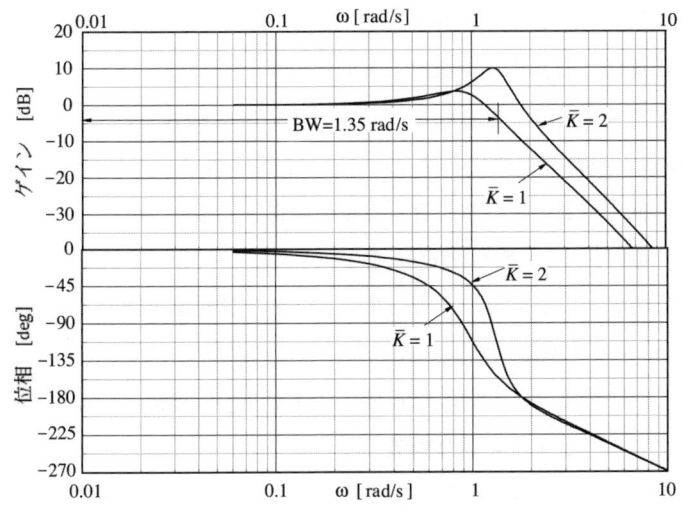

図 8.4 図 8.1(b)に示す系の閉ループ特性

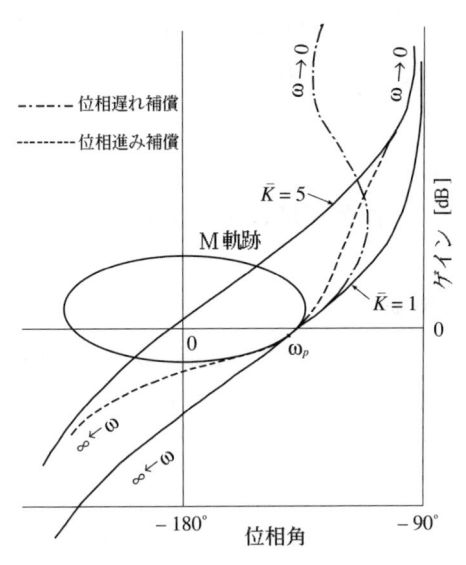

図 8.5 2種類の補償法

ステムを補償するに当たって，大別して2通りの考え方があることを**図 8.5**のニコルス線図上で説明する．

① あらかじめ $\bar{K}=5$ に定め，低周波数領域の軌跡を変化させることなく，

所要の M 軌跡（この例では $M_p=1.4$）に接するように共振周波数 ω_p 付近の開ループ伝達関数の軌跡を点線で示すように修正する。

② まず所要の M_p が得られるゲイン（この例では $\bar{K}=1$）に定めた軌跡を描き，ω_p 付近の軌跡を変化させないように注意して，所要のゲインが得られるように，低周波数領域の軌跡を一点鎖線のように修正する。

前者は，ω_p 付近の位相を進める回路の挿入によって，M 軌跡と接する部分の軌跡を右方に移行させるやり方なので，これを **位相進み補償** と呼んでいる。後者は，ω_p 付近の軌跡に無関係な低周波数領域の軌跡のゲインを増加させるやり方である。このとき，低周波数領域の軌跡が左方に移軌，つまり位相遅れが伴うので，この方法を **位相遅れ補償** と呼んでいる。

位相進み補償，位相遅れ補償は直列補償に用いられる。これらの補償法は多くの場合たいへん有効であるが，すべてのサーボ機構に効果的であるとは限らず，場合によってはほかの直列補償やフィードバック補償法に依存しなければならないこともある。そこで，これらの補償の特徴，効果および限界について以下に述べる。

8.3 直列補償によるシステム設計

8.3.1 直列補償要素

直列補償要素には，位相進み要素，位相遅れ要素，これらの組合せによる進み・遅れ要素などがある。位相進み補償器，位相遅れ補償器とそれらの補償法については，PID 法との比較により，7.8.2項でその概要は説明したが，本節では，さらに詳細に，以下に各直列補償要素とその特性について述べる。なお，演算増幅器（オペアンプ）を用いた位相進み，遅れ補償回路についても同節で触れているので，ここでは電気回路による要素説明を行う。

〔1〕 **位相進み要素**

この要素の電気回路を図 8.6 に示す。演算増幅器（オペアンプ）を用いた場合は図 7.21 に示してある。

8.3 直列補償によるシステム設計

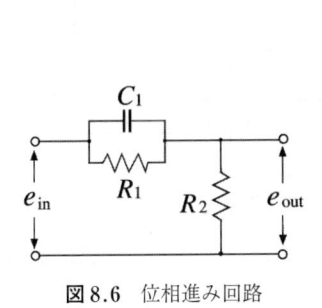

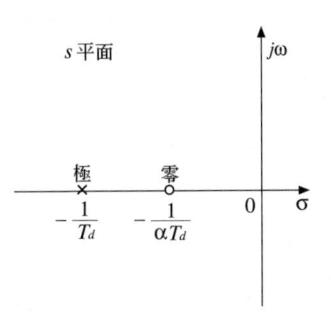

図 8.6 位相進み回路

図 8.7 位相進み要素の極零配置

この伝達関数 $G_c(s) = e_\text{out}/e_\text{in}$ は

$$G_c(s) = \left(\frac{R_2}{R_1+R_2}\right) \frac{R_1 C_1 + 1}{[(R_1 R_2)/(R_1+R_2)]C_1 s + 1} \tag{8.4}$$

ここで

$$\alpha = \frac{R_1 + R_2}{R_2} \quad (\alpha > 1) \tag{8.5}$$

$$T_d = \frac{R_1 R_2}{R_1 + R_2} C_1 \tag{8.6}$$

と置けば，伝達関数 $G_c(s)$ はつぎのように表される．

$$G(s) = \frac{1}{\alpha} \frac{\alpha T_d s + 1}{T_d s + 1} \tag{8.7}$$

この伝達関数は s 平面上では**図 8.7**のような極零配置を示す．すなわち，実軸上の $-1/\alpha T_d$ の位置に零点，$-1/T_d$ の位置に極が配置され，$\alpha > 1$ なので零点はつねに極より原点に近い所にある．零点と極の間隔は定数 α によって定まる．なお，電気回路を用いた場合は式 (8.7) の係数は $(1/\alpha)$ となっているが，図 7.21 ではこの係数が $K = R_f/R_i$ と置換されている点に注意されたい．

これをボード線図で表せば，**図 8.8**のようにゲイン特性は，二つの折れ点周波数 $1/\alpha T_d$ と $1/T_d$ の間で 20 dB/dec. の勾配を持ち，位相特性は，その区間で位相の進みを示す．この最大位相進み角 ϕ_max と，それが生ずる周波数 ω_max および回路定数 α，T_d との関係はつぎのようにして定まる．

式 (8.4) からの伝達関数の位相は

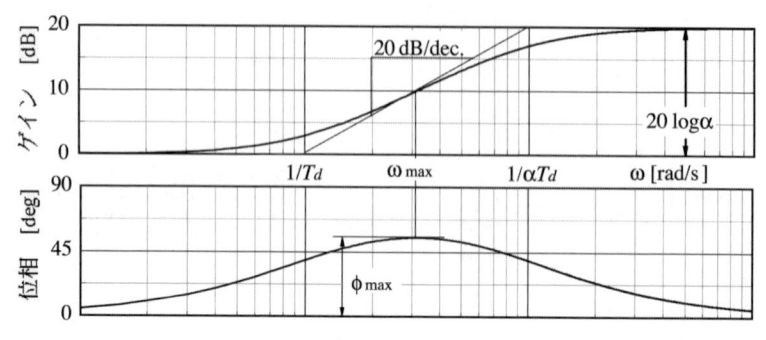

図8.8 位相進み要素のボード線図

$$\phi = \tan^{-1} \omega\alpha T_d - \tan^{-1} \omega T_d \tag{8.8}$$

これを ω について微分し，極大値を求めればつぎのようになる．

$$\frac{d\phi}{d\omega} = \frac{\alpha T_d}{1+(\omega\alpha T_d)^2} - \frac{T_d}{1+(\omega T_d)^2} = 0 \tag{8.9}$$

または

$$1 - \alpha\omega^2 T_d^2 = 0 \tag{8.10}$$

これより ϕ の最大値を与える周波数 ω_{max} を求めると次式を得る．

$$\omega_{max} = \frac{1}{T_d\sqrt{\alpha}} \tag{8.11}$$

式 (8.11) は，対数周波数目盛の上で，ω_{max} が二つの折れ点周波数 $1/T_d$ と $1/\alpha T_d$ の中間にあることを示している．式 (8.8) に式 (8.11) を代入して ϕ_{max} は

$$\phi_{max} = \tan^{-1}(\sqrt{\alpha}) - \tan^{-1}\left(\frac{1}{\sqrt{\alpha}}\right) = \tan^{-1}\frac{\alpha-1}{2\sqrt{\alpha}} \tag{8.12}$$

と求まる．式 (8.12) を三角関数の公式によって書き換えると

$$\sin\phi_{max} = \frac{\alpha-1}{\alpha+1} \tag{8.13}$$

位相進み補償では，所要のゲイン交差周波数 ω_c と位相余裕 ϕ を $\omega_c \approx \omega_{max}$，$\phi \approx \phi_{max}$ となるように回路定数を定めるので，設計上，式 (8.11)，(8.13) はたいへん便利である．ちなみに，図 7.21 中の ω_{max}, ϕ_{max} は上記手順で求められている．式 (8.13) によって α と ϕ_{max} の関係を示すと**図 8.9** のようにな

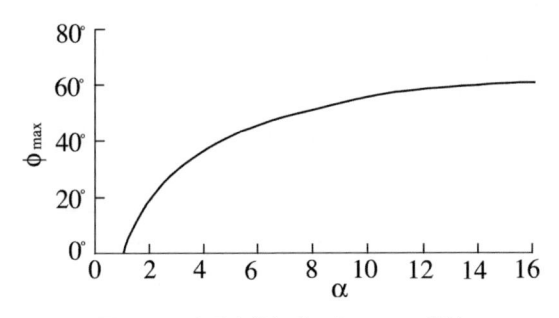

図 8.9 α と最大位相進み角 ϕ_{max} の関係

る．この図から，ϕ_{max} の値には限度があることがわかる．そこで，α は 10 以下に抑え，55°を越える位相進み量が必要な場合には，2 個の位相進み回路を用いるようにする．

〔2〕 **位相遅れ要素**

位相遅れ要素の電気回路を**図 8.10** に示す．演算増幅器（オペアンプ）を用いた場合は図 7.21 に示してある．

この回路の伝達関数 $G_c(s)$ は次式のようになる．

$$G_c(s) = \frac{1 + R_2 C_2 s}{1 + (R_1 + R_2) C_2 s} \tag{8.14}$$

ここで

$$\alpha = \frac{R_1 + R_2}{R_2} \quad (\alpha > 1) \tag{8.15}$$

$$T_i = R_2 C_2 \tag{8.16}$$

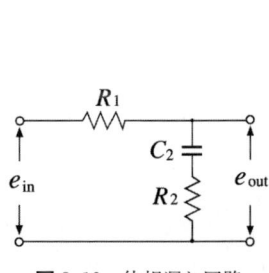

図 8.10 位相遅れ回路

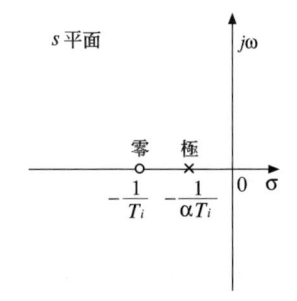

図 8.11 位相遅れ回路の極零配置

と置けば次式で表される。

$$G_c(s) = \frac{T_i s + 1}{\alpha T_i s + 1} \tag{8.17}$$

この伝達関数の示す s 平面上の極零配置およびボード線図は，図 8.11 および図 8.12 のようになる。

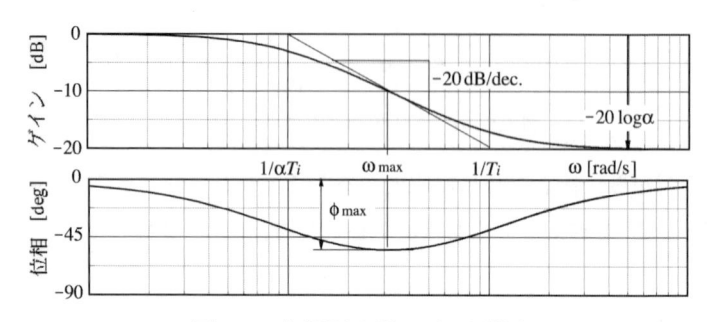

図 8.12 位相遅れ回路のボード線図

$\alpha > 1$ の関係にあるから，s 平面上では極は負の実軸上でつねに零点より原点に近い所にあり，ボード線図上のゲイン特性は二つの折れ点周波数 $1/\alpha T_i$ と $1/T_i$ の間で $-20\,\mathrm{dB/dec.}$ の勾配を持ち，$1/T_i$ を越える周波数では $-20\log\alpha$ にゲインレベルが低下している。一方，位相特性は ω_{max} で最大位相遅れを示した後，周波数の増加に伴って位相遅れが零度近くに復帰している。実は，この性質が定常特性の向上に利用できるわけである。つまり，この回路の挿入によって，$1/T_i$ をある程度越えた周波数において，位相特性に影響を及ぼすことなく，開ループ伝達関数のゲインを $20\log\alpha$ だけ低下できるので，ゲイン余裕にそれだけのゆとりを持たせることができることになる。

この回路の回路定数 α, T_i を最大遅れ角 ϕ_{max}, およびその周波数 ω_{max} の関係はつぎのようになっている。

$$\omega_{max} = \frac{1}{T_i \sqrt{\alpha}} \tag{8.18}$$

$$\phi_{max} = \tan^{-1}\left(\frac{1}{\sqrt{\alpha}}\right) - \tan^{-1}(\sqrt{\alpha}) = \tan^{-1}\frac{1-\alpha}{2\sqrt{\alpha}} \tag{8.19}$$

あるいは

$$\sin(\phi_{max}) = \frac{1-\alpha}{1+\alpha} \tag{8.20}$$

この場合の α と最大位相遅れ角の関係は，図8.9の縦軸目盛に負符号をつけることによって知ることができる。

この回路の位相特性がほぼ零度に復帰する周波数は，上の折れ点周波数 $1/T_i$ の約10倍を見ておけばよいので，補償回路の設計時に必要となるゲイン交差周波数 $\omega_c{}'$ の選択はつぎの式によればよい。

$$\omega_c{}' \fallingdotseq 10 \times \frac{1}{T_i} \quad [\text{rad/s}] \tag{8.21}$$

〔3〕 **位相進み・遅れ要素**

位相進み要素は速応性を増し，バンド幅を広げることを主たる目的にして用いられ，位相遅れ要素は定常特性の向上を意図して用いられる。しかし，一般のサーボ系ではそのいずれかを使うより，両方の要素を使った方がゆとりある設計ができる。ここに示す位相進み・遅れ要素は，位相進み要素と遅れ要素の結合ではなくて，単独にこの機能を果たすことができる。

位相進み・遅れ要素の電気回路は**図8.13**によって実現され，この回路の伝達関数 $G_c(s)$ はつぎのようになる。

$$G_c(s) = \frac{(R_1C_1s+1)(R_2C_2s+1)}{R_1R_2C_1C_2s + [R_1C_1+(R_1+R_2)C_2]s+1} \tag{8.22}$$

ここで

$$\alpha T_d = R_1C_1, \quad \alpha = \frac{R_1+R_2}{R_2} \tag{8.23}$$

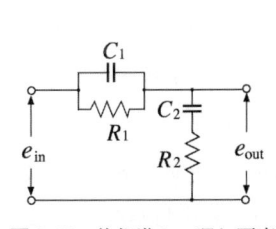

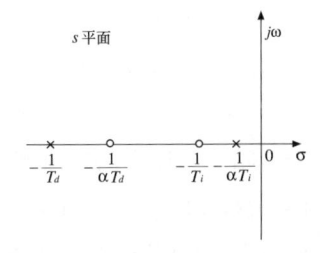

図8.13 位相進み・遅れ要素   図8.14 位相進み・遅れ要素の極零配置

$$T_i = R_2 C_2 \tag{8.24}$$

$$\alpha T_d T_i = R_1 R_2 C_1 C_2 \tag{8.25}$$

と置けば，$R_2 C_2 \gg R_1 C_1$ の条件の下で，式（8.22）はつぎの伝達関数によって表すことができる．

$$G_c(s) = \frac{(\alpha T_d s + 1)}{(T_d s + 1)} \times \frac{(T_i s + 1)}{(\alpha T_i s + 1)} \quad (\alpha > 1) \tag{8.26}$$

ここに，右辺第1項は位相進みの伝達関数を示し，第2項は位相遅れの伝達関数を示している．したがって，各係数の決定には前述の設計法がそのまま利用できる．式（8.26）の示す s 平面上の極零配置およびボード線図を図 8.14 および図 8.15 に示す．

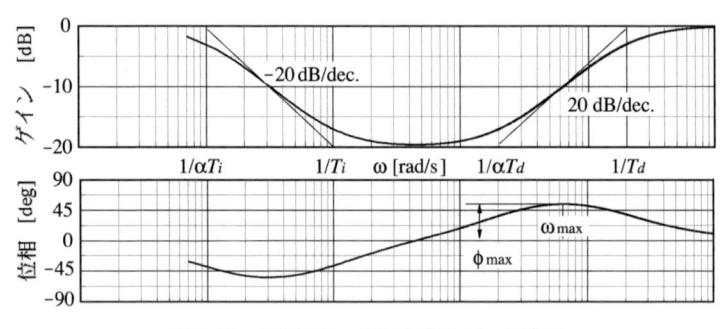

図 8.15 位相進み・遅れ要素のボード線図

8.3.2 位相進み補償による設計

〔1〕 ボード線図上の設計

ボード線図を用いれば，未補償系のゲイン，位相曲線に補償回路のゲイン，位相曲線を加え合わせることによって，補償後のゲイン，位相余裕，ゲイン余裕（安定度），ゲイン交差周波数（速応性）を容易に知ることができる．したがって，直列補償によるシステム設計には，一般にボード線図が用いられる．

ボード線図上の一般的な設計手順はつぎのようである．

① 未補償系の開ループ伝達関数をボード線図上にプロットする．この際，ゲイン K の値は性能仕様によって規定された定常誤差定数から定まる．

② ゲイン交差周波数 ω_c の点で未補償系の位相余裕を調べる．これが性能仕様を満たしていない場合，必要な付加位相進み ϕ を求め，$\phi=\phi_{max}$ と置いて式 (8.13) から α を決定する．

③ ϕ_{max} における周波数 ω_{max} を未補償系のゲイン曲線が $-10\log\alpha$ [dB] を通る点に定める．なぜかというと，$20\log\alpha$ [dB] だけ増幅された補償回路の挿入によって ω_{max} におけるゲイン曲線は $10\log\alpha$ [dB] だけ持ち上げられることがわかっているからである．したがって，その点が新しいゲイン交差周波数 ω_c' となる．式 (8.11) に ω_{max}，α を代入すれば T_d が決定される．

④ 補償後のボード線図を描き，位相余裕を調べる．必要なら ϕ_{max} を修正する．

⑤ 性能仕様が満足されたなら，α, T_d から位相進み回路の伝達関数を決定する．

この手順を**図 8.16** に示すサーボ系の例によって説明しよう．未補償系の開ループ伝達関数はつぎのように与えられている．

$$G_l(s) = \frac{K}{s(s+1)} \tag{8.27}$$

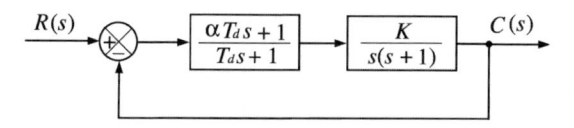

図 8.16 あるサーボ系の位相進み補償

この伝達関数は図 3.24 および式 (3.72) に示した DC サーボモータにおいて $L_a J_m \omega^2 \ll (R_a J_m + c_m L_a)\omega$ の関係にあるとき見られる．

性能仕様がつぎのように与えられるとしよう．

① 位相余裕は $45°$ 以上

② ランプ入力に対する定常誤差 e_{ss} は単位ランプ入力の 10% 以下とする．

そのとき，必要な速度誤差定数 K_v は式 (4.45) から

$$K_v = \frac{\text{単位ランプ入力}}{\text{定常誤差}} = \frac{1}{0.1} = 10 \text{ s}^{-1} \tag{8.28}$$

最終値の定理により

$$K_v = \lim_{s \to 0} sG_l(s) = K = 10 \text{ s}^{-1} \tag{8.29}$$

となって，K は 10 以上に与えなければならない。

そこで，$K=10$ と置いて $G_l(s)$ のボード線図を図 8.17 に点線で示す。ゲイン交差周波数（$\omega_c=3.16$ rad/s）において位相余裕は 18° と読まれる。所要の位相余裕は 45° であるから，少なくとも $\phi_m=27°$ の位相進みが必要である。ここでは余裕を見て $\phi_m=30°$ に選ぶと α は

$$\sin(\phi_{\max}) = \sin(30°) = \frac{\alpha-1}{\alpha+1} \tag{8.30}$$

より，$\alpha=3$ と求まる。

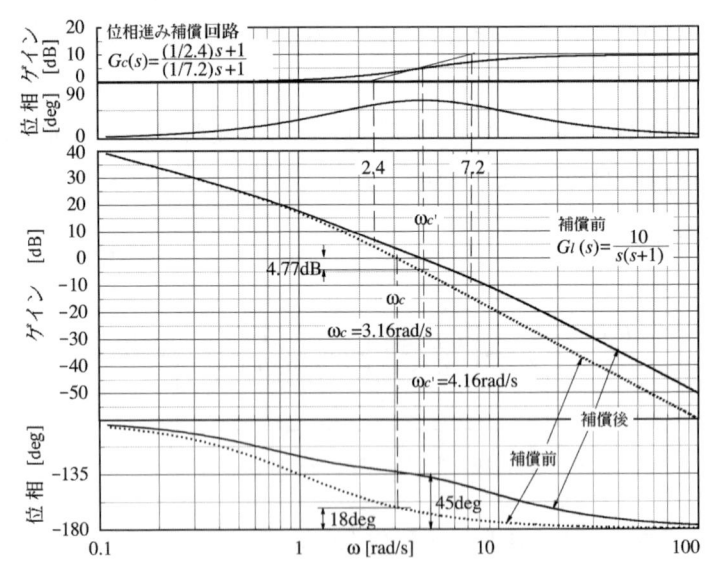

図 8.17　位相進み回路を持つサーボ系の開ループ周波数応答特性

つぎに，この補償回路が必要とする増幅器ゲインを求めると

$$20 \log \alpha = 20 \log 3 = 9.55 \text{ dB} \tag{8.31}$$

この結果，$\omega_{\max}$ では 9.55 dB/2=4.775 dB のゲイン上昇があるから未補償系のゲイン曲線が -4.775 dB を通る周波数を探すと，$\omega_c' = \omega_{\max} = 4.16$ rad/s であることがわかる。これが新しいゲイン交差周波数となる。式 (8.11) によ

って $1/T_d$, $1/\alpha T_d$ を求めると

$$\frac{1}{T_d} = \omega_{\max} \times \sqrt{\alpha} = 7.2 \text{ rad/s} \tag{8.32}$$

$$\frac{1}{\alpha T_d} = 2.4 \text{ rad/s} \tag{8.33}$$

となって，位相進み回路定数の算定は終了し，つぎのような補償回路の伝達関数が得られる．

$$G_c(s) = \frac{1}{\alpha} \cdot \frac{\alpha T_d s + 1}{T_d s + 1} = \frac{1}{3} \cdot \frac{0.416s + 1}{0.139s + 1} \tag{8.34}$$

そして，付設の増幅器によって補償回路の出力信号を3倍に増幅すれば，補償後の系の開ループ伝達関数はつぎのように表される．

$$G(s) = G_l(s) G_c(s) = \frac{10(s/2.4 + 1)}{s(s+1)(s/7.2+1)} \tag{8.35}$$

この補償後の伝達関数を図8.17に実線で示す．ω_c' において45°の位相余裕を得ており性能仕様を満足している．

開ループ伝達関数が式(8.35)のように定まったので，未補償系と補償系の比較をニコルス線図によって示す．未補償系では3 rad/s付近で $M_p = 10$ dBであったものが，補償によって $M_p < 3$ dBに低下して安定性が改善されていることがわかる．

ニコルス線図によって閉ループ系の周波数応答は求められるのであるが，これから閉ループ伝達関数を導出すると以下のようになる．

$$M(s) = \frac{G(s)}{1+G(s)} = \frac{10(s/2.4+1)}{(1/7.2)s^3 + (1+1/7.2)s^2 + (1+10/2.4)s + 10} \tag{8.36}$$

図8.18から閉ループ周波数特性を読み出すことができるが，式(8.36)によれば詳細な周波数特性を描くことができて，図8.19のようになる．

これより補償後のバンド幅は7.2 rad/sを得ており，未補償系を $K=10$ に定めると点線で示すように $M_p = 11$ dBとなったものが，同じ $M_p = 1.36$ を獲得するために $K=1.43$ としたときのバンド幅1.7 rad/sに比較して大幅に増加している．このように，位相進み補償によって安定性が向上するので，ループ

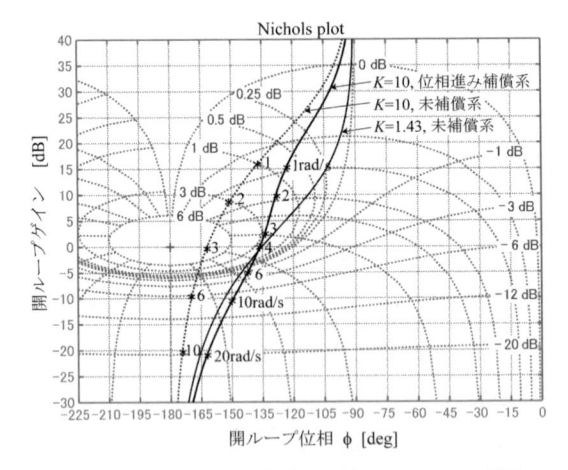

図 8.18 未補償系と補償系を比較したニコルス線図

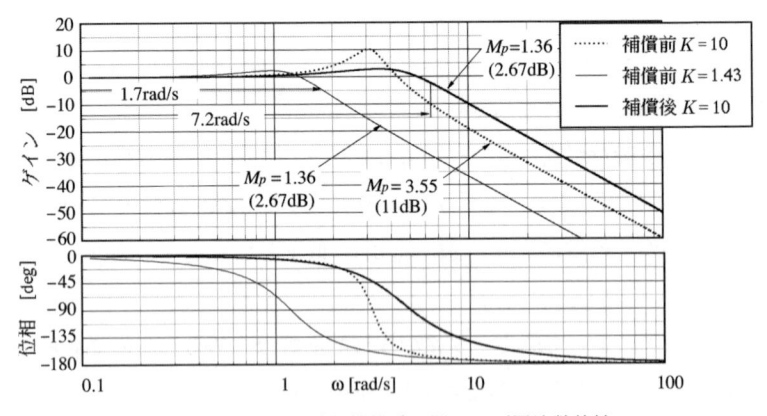

図 8.19 未補償系と補償系の閉ループ周波数特性

ゲインを増大できるとともに速応性を高める効果を持っている。

【例題 8.1】 開ループ伝達関数が 2 型を持つ系の補償は興味ある問題である。この系の典型は月着陸船の姿勢制御に見られる。月着陸船は制御信号 e によってガスジェットを噴射させ，機体の姿勢を制御するトルク T_{in} を得ている。機体の減衰はほとんどなく，e と T_{in} の間の第 1 近似は比例関係になるとすれば

$$T_{in} = K_l e \tag{8.37}$$

$$J\ddot{\theta} = T_{in} \tag{8.38}$$

8.3 直列補償によるシステム設計

ここに，K_l は比例定数，J は重心 G 周りの機体の慣性モーメントである。姿勢角 θ_{out} と基準角 θ_{in} の間の誤差はジャイロによって検出され，ゲイン K_a を持つ増幅器によって増幅され，制御信号 e を作るものとすれば，この系の諸元とブロック線図は図 8.20 に示される。明らかにこのままの系では安定度不足により操縦性が悪い。そこで，位相進み補償により安定性を高め，過渡特性を向上したい。

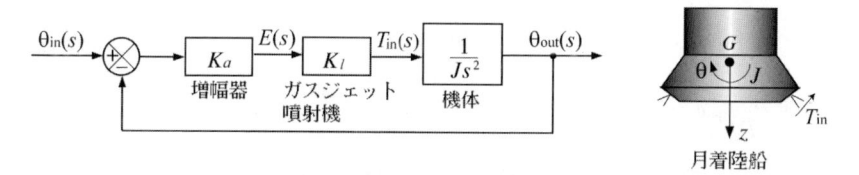

図 8.20　月着陸船の諸元とブロック線図

いま，簡単のためにループゲイン $K = K_a K_l / J$ と置き，つぎの仕様に基づいて設計する。

減衰率　　　　$\zeta \geq 0.45$

整定時間　　　$t_s \leq 4\,\text{s}$

t_s と ζ，ω_n の間の関係は式 (7.11) によってつぎのように与えられている。

$$t_s = \frac{4}{\zeta \omega_n} \tag{8.39}$$

ゆえに

$$\omega_n = \frac{1}{\zeta} = \frac{1}{0.45} = 2.22\,\text{rad/s} \tag{8.40}$$

また，$\zeta \geq 0.45$ と与えられているときの位相余裕 ϕ_{pm} の式 (7.20) より

$$\phi_{pm} = 100 \times \zeta = 45° \tag{8.41}$$

と定まる。

未補償系の開ループ伝達関数は

$$G_l(s) = \frac{K}{s^2} \tag{8.42}$$

であるから，位相角はつねに 180° にあり，位相余裕は 0° である。そこで，位

相進み回路によって45°の位相進み角の付加が必要となる。式（8.20）によって，これに必要な α を求めると

$$\sin(45°) = \frac{1-\alpha}{1+\alpha} \tag{8.43}$$

より $\alpha = 5.8$ となるが，余裕をみて $\alpha = 6$ と定める。

一方，$\omega_n \fallingdotseq \omega_c$ であるので，やはり余裕をみて $\omega_c = 2.3\,\text{rad/s}$ と定めれば，つぎの値を得る。

$$\frac{1}{T_d} = \omega_{\max}\sqrt{\alpha} = \omega_c\sqrt{\alpha} = 5.6\,\text{rad/s} \tag{8.44}$$

$$\frac{1}{\alpha T_d} = 0.94\,\text{rad/s} \tag{8.45}$$

このようにして，位相進み回路の伝達関数はつぎのように定まる。

$$G_c(s) = \frac{1}{6} \times \frac{(1/0.94)s+1}{(1/5.6)s+1} \tag{8.46}$$

ゲイン6倍に増幅された位相進み回路と補償後のボード線図を図8.21に示す。位相進み回路のゲイン曲線は低周波領域で0 dB，高周波領域で

$$20\log\alpha = 20\log 6 = 15.6\,\text{dB} \tag{8.47}$$

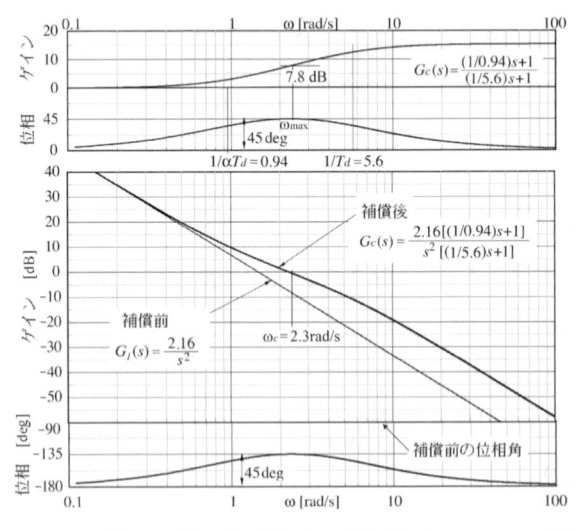

図 8.21　$G_l(s) = K/s^2$ の系に位相進み補償を付加したボード線図

の値を示し，またω_{max}で7.8 dBになっている。そこで，$\omega_c = \omega_{max} = 2.3$ rad/sになるようにループゲインKを定める。すなわち，2.3 rad/sにおいてゲイン曲線が0 dBを過ぎるようにするには，$1/s^2$のゲイン曲線がω_cにおいて-7.8 dBの点を通らなければならない。その結果$K = K_a K_l / J = 2.16$と定まり，図8.21に見られるように，所要の仕様を得ている。

　ここでは，ニコルス線図によらずして，補償後の開ループ伝達関数から閉ループ系の伝達関数を求める。閉ループ伝達関数$M(s)$を導出すると以下のようになる。

$$M(s) = \frac{G(s)}{1+G(s)} = \frac{2.3(s/0.94+1)}{(1/5.6)s^3 + s^2 + (2.3/0.94)s + 2.3} \quad (8.48)$$

図8.22には，式(8.48)によって求められた補償後の月着陸船の閉ループ特性を示す。$M_p = 1.4$ (3 dB)の値を得て，安定性が改善され，操縦しやすくなっている。固有振動数も$\omega_n = 3$ rad/sを得ており，与えられた仕様，$\omega_n \geq 2.22$ rad/sを満足している。図8.23には未補償系との比較により，補償系のステップ応答を示す。未補償系が約4秒の周期をもって揺れるのに対し，補償後の月着陸船は4秒以下で静定しており，きわめて乗り心地が改善されてい

$$M(s) = \frac{2.3[(1/0.94)s+1]}{(1/5.6)s^3 + s^2 + (2.3/0.94)s + 2.3}$$

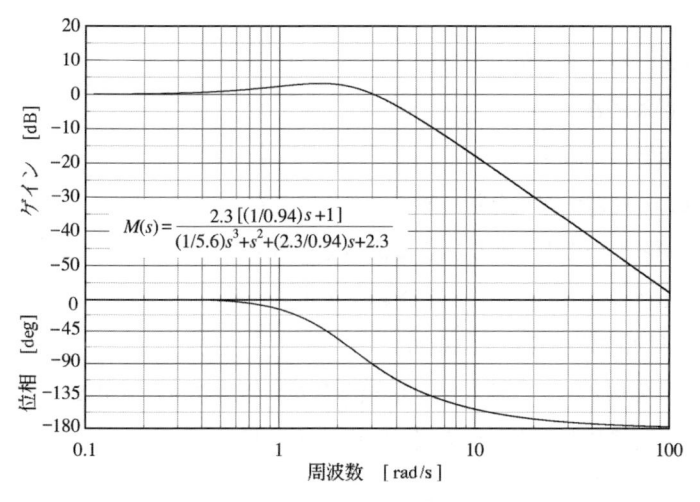

図8.22　補償後の月着陸船の閉ループ特性

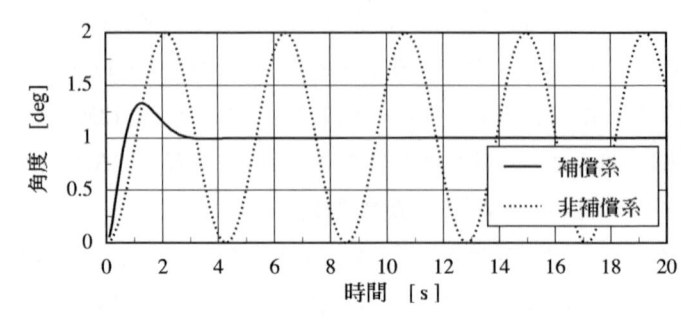

図8.23 補償後の月着陸船のインパルス応答

る。

〔2〕 位相進み補償の効果と限界

以上に示した結果から，位相進み補償がフィードバック制御系，特にサーボ系の性能に及ぼす一般的な効果として，つぎのようにまとめられる。

（a） 周波数応答

① 位相余裕が増加するので，システムの安定性が改善され，共振ピーク M_p が減ぜられる。

② その結果，ループゲインが増加できることになり，定常誤差を減少できる。

③ 通常，バンド幅が広くなる。

（b） 過渡応答

① 行過ぎ量が減ぜられる。

② 立上り時間が速くなり，応答は速く整定する。

しかしながら，つぎのような場合は位相進み補償の実効が上がらない。

① ノイズカットのためにバンド幅が規定される系

② ω_c 付近の位相勾配が急な系

②項の具体例として，開ループ伝達関数がつぎのような形式をとり，ω_c 付近に折れ点周波数がくるように K が指定される場合。

$$\frac{K}{s(T_1s+1)(T_2s+1)} \quad (T_1 \fallingdotseq T_2) \tag{8.49}$$

$$\frac{K}{s(Ts+1)^2} \tag{8.50}$$

$$\frac{K \cdot \omega_n}{s(s^2+2\zeta\omega_n s+\omega_n{}^2)} \tag{8.51}$$

これを例題によって説明しよう。

【例題 8.2】 図 8.1 に示した系が式 (8.49) に相当する。開ループ伝導関数が式 (8.3) で示される系について，$K=5$ と定めて，つぎの伝達関数を表す。

$$G(s) = \frac{5}{s(s+1)(s/4+1)} \tag{8.52}$$

ただし，式 (8.3) の分母第 4 項は ω_c 付近の特性にほとんど影響を及ぼさないことがわかっているので無視してある。

図 8.3 に見られるように，この系は不安定であり，何らかの補償なくして使用はできない。式 (8.52) をボード線図上に描いて**図 8.24** に点線で示す。ω_c は比較的接近した二つの折れ線近似ゲインの折れ点の中間に位置し，しかも位相余裕はほぼ 0° となっている。そこで，位相進み補償によって 45° の位相余

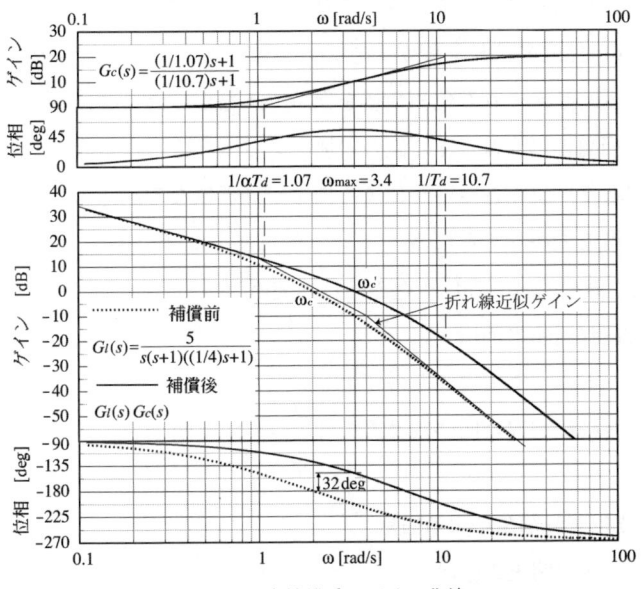

図 8.24 未補償系のゲイン曲線

裕を持たせたいと思う。見られる通り，ω_c付近の位相勾配は急である。そこで余裕をもって，位相進み回路の最大位相進み角$\phi_{max}=55°$と定めて設計を進める。図8.9によれば，$\phi_{max}=55°$における$\alpha=10$である。したがって，ゲイン10倍の直流増幅器と結合すれば，$20\log\alpha=20$ dBであるから，ω_{max}における位相進み回路のゲインは10 dBとなる。図8.24に示す未補償系のゲイン曲線が-10 dBを通過する周波数を探せば，3.4 rad/sと見い出される。

この周波数を新しいゲイン交差周波数ω_c'に選び，ω_{max}をω_c'と一致させて描いた補償後の$G_l(s)\cdot G_c(s)$軌跡を図8.24に実線で示す。なお，$\alpha=10$，$\omega_{max}=3.4$ rad/sの下で設計された位相進み回路の伝達関数をつぎに示す。

$$G(s)=\frac{\left(\frac{1}{1.07}s+1\right)}{\left(\frac{1}{10.7}s+1\right)} \tag{8.53}$$

図8.24によれば，新しいゲイン交差周波数ω_c'における位相余裕は$32°$である。望む位相余裕$45°$に対して$10°$の余裕を持って設計したにもかかわらず，このような結果になっている。これは，十分に位相角を付与したつもりであっても，ω_c付近の位相勾配が大きいために，ゲイン交差点が高い周波数へ移行するとき，与えられた位相余裕を保持できなかったことに原因がある。付加すべき位相角の増大は，αの値の増加によって与えられるのであるが，これには限界があり，位相進み回路による補償が無理になる。そのような場合，つぎのような補償法が考えられる。

① 2個の直列結合した位相進み回路の使用
② 位相遅れ回路の使用
③ フィードバック補償回路の使用

そこで，つぎに位相遅れ回路による設計について説明する。

8.3.3 位相遅れ補償による設計

〔1〕 ボード線図上の設計

位相進み補償の場合と同様に，ボード線図は位相遅れ補償の設計にもたいへ

ん便利である。この設計手順はつぎのようである。

① 望まれる定常誤差からゲイン K の値が定まれば，開ループ伝達関数をボード線図上に描く。

② ゲイン余裕，位相余裕を調べる。要求された位相余裕が満たされていないときは，その位相余裕を満たすべき周波数をボード線図上で探し，その周波数を新しいゲイン交差周波数 ω_c' に選ぶ。ここに，ω_c' における未補償系のゲインは $|G_l(j\omega_c')|$ [dB] の値に定義する。

③ そこで，ω_c' 付近のゲインを $|G_l(j\omega_c')|$ [dB] 分だけ低下させなければならない。これは，位相遅れ回路の係数 α をつぎのように選ぶことにより達成される。

$$|G_l(j\omega_c')| \text{ [dB]} = 20 \log \alpha \text{ [dB]} \tag{8.54}$$

これより α を次式のように定める。

$$\alpha = 10^{|G_l(j\omega_c')|/20} \quad (\alpha > 1) \tag{8.55}$$

④ α が定まれば，つぎに T_i の値を定める。T_i は，位相遅れ回路の位相特性が ω_c' 付近の位相曲線に影響を及ぼさないように

$$\omega_c' \gg \frac{1}{T_i} \tag{8.56}$$

に選ぶ。具体的には通常 $\omega_c' \approx 10(1/T_i)$ 程度にとる。

つぎの例題によって設計手順を説明しよう。

【例題 8.3】 例題 8.2 で取り扱った系では位相進み補償が効果的ではなかった。そこで，**図 8.25** に示されるような位相遅れ補償系の挿入によって特性設計を行ってみよう。

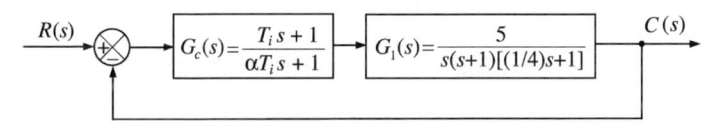

$$R(s) \longrightarrow \bigotimes \longrightarrow \boxed{G_c(s) = \frac{T_i s + 1}{\alpha T_i s + 1}} \longrightarrow \boxed{G_1(s) = \frac{5}{s(s+1)[(1/4)s+1]}} \longrightarrow C(s)$$

図 8.25 位相遅れ補償系

式 (8.52) のボード線図表示を**図 8.26** に点線で示す。望まれる位相余裕は 45° であるが，通常はこれに +5° 程度のゆとりを持たせた方がよい。そこで，

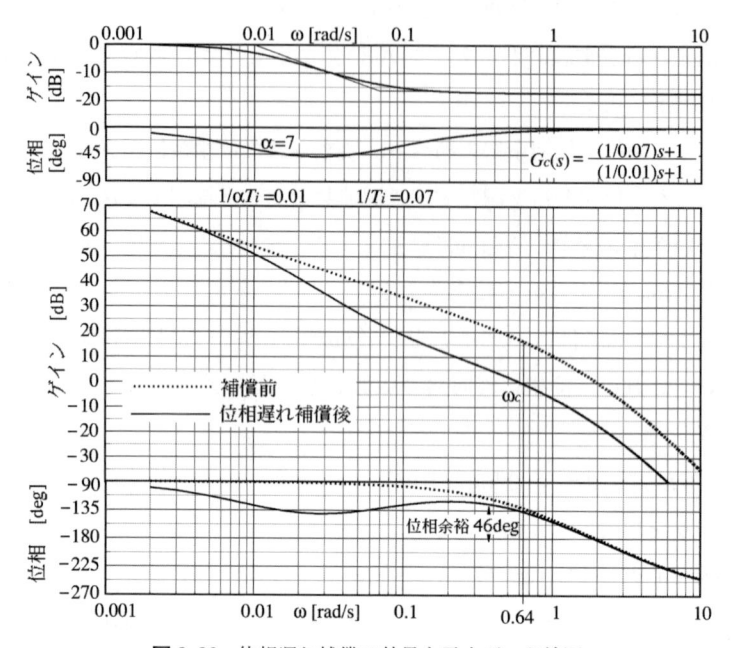

図 8.26 位相遅れ補償の効果を示すボード線図

位相曲線が $-130°$ を通過する点の周波数を探せば，$0.64\,\mathrm{rad/s}$ と見い出される。この周波数を新しいゲイン交差周波数 $\omega_c{'}$ と定めるには，その周波数付近のゲインを 17 dB だけ下げなければならない。そのために必要な α の値を式 (8.55) から求めると

$$\alpha = 10^{17/20} \approx 7 \tag{8.57}$$

つぎに式 (8.21) によって $1/T_i$ を以下のように定める。

$$\frac{1}{T_i} \doteqdot \frac{1}{10}\omega_c{'} = \frac{0.64}{10} \doteqdot 0.07\,[\mathrm{rad/s}] \tag{8.58}$$

したがって $1/\alpha T_i = 0.01\,\mathrm{rad/s}$ となり，位相遅れ回路の伝達関数 $G_c(s)$ はつぎのように定まる。

$$G_c(s) = \frac{\left(\dfrac{1}{0.07}s+1\right)}{\left(\dfrac{1}{0.01}s+1\right)} \tag{8.59}$$

8.3 直列補償によるシステム設計

この伝達関数のボード線図と，これによって補償された系のボード線図を図 8.26 に示す．補償後の応答は実線で示してある．そこで，要求された位相余裕が得られているかどうかを調べれば $\omega_c'=0.64\,\mathrm{rad/s}$ において $46°$ の位相余裕が確保されていることがわかる．

ニコルス線図上に $K=5$ の下で描いた未補償系と補償系の軌跡を描いて図 8.27 に示す．$M_p=1.25\,(2\,\mathrm{dB})$ の値が得られている．このニコルス線図から閉ループ周波数応答特性が読み取れるのであるが，補償後の開ループ伝達関数から閉ループ系の伝達関数 $M(s)$ を導出すると以下のようになる．

$$M(s)=\frac{G_c(s)G_l(s)}{1+G_c(s)G_l(s)}$$

$$=\frac{5(s/0.07+1)}{(1/0.04)s^4+(5.01/0.04)s^3+(4.05/0.04)s^2+(5.07/0.07)s+5}$$

(8.60)

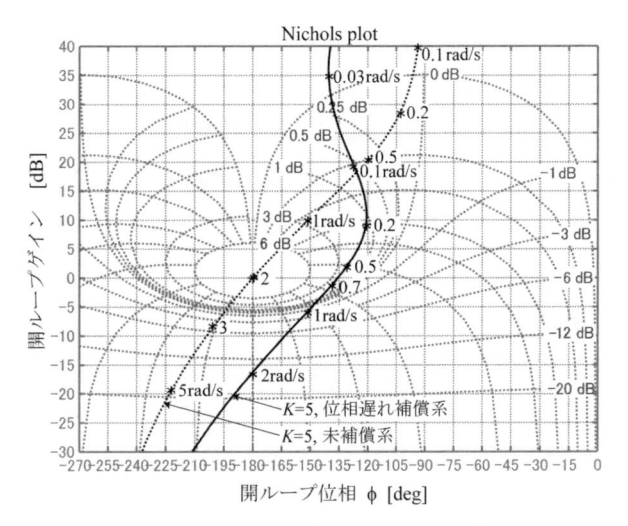

図 8.27 位相遅れ補償によるニコルス線図

この閉ループ伝達関数をボード線図で表して図 8.28 に示す．これより，バンド幅は $1.1\,\mathrm{rad/s}$ となっていることがわかる．ゲイン調整のみによって得られるバンド幅は図 8.4 に見られるように，$K=1$ において $BW=1.35\,\mathrm{rad/s}$ で

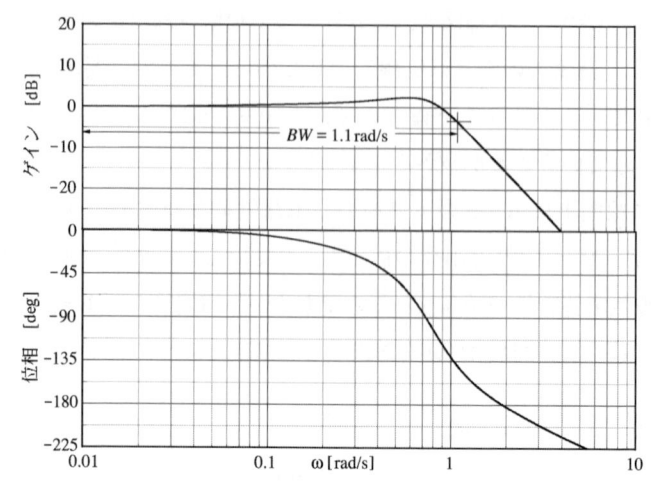

図 8.28 位相遅れ補償後の閉ループ特性

ある。この例でわかるように，位相遅れ補償は適当な誤差定数を保って，閉ループ系のバンド幅をわずかに減少させる。

【例題 8.4】 位相進み要素では，さらに補償の効果を上げにくい例として，式（8.51）の型の系がある。これを位相遅れ補償により設計することを考える。図 8.29 に，ここで考慮する系のブロック線図を示す。この場合の仕様はつぎのように与えられるものとする。

（ⅰ） 位相余裕は 45° 以上

（ⅱ） 定常速度誤差は入力速度の 20% 以下

このとき必要な定常誤差定数 K_v は，式（4.45），（7.28）の定義から

$$K_v = \frac{\text{単位ランプ入力}}{\text{定常誤差}} = \frac{1}{0.2} = 5 \text{ s}^{-1} \tag{8.61}$$

これより

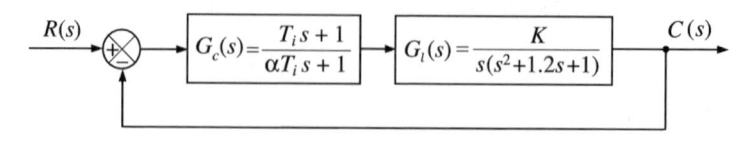

図 8.29 複素極を持つ系の位相遅れ回路による補償

8.3 直列補償によるシステム設計

$$K_v = \lim_{s \to 0} s \cdot G_l(s) = K = 5 \tag{8.62}$$

となって，必要とするループゲインは5以上であればよい．そこで，$K=5$と定めて開ループ伝達関数をボード線図表示すれば，図 8.30 の点線で示される．

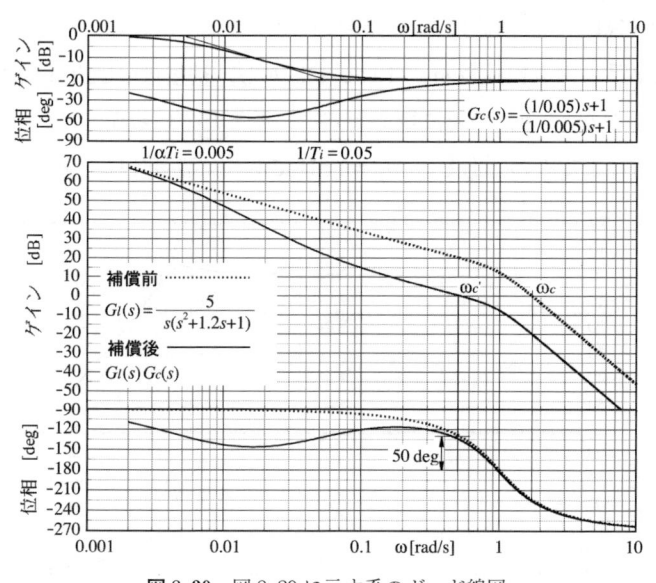

図 8.30 図 8.29 に示す系のボード線図

これは明らかに不安定であり，また，ω_c 付近の位相曲線から見て，位相進み補償では対処できないことがわかる．位相遅れ補償の設計手順に従って，仕様の位相余裕より 5° ゆとりを持たせて 50° の位相余裕，つまり位相曲線が $-130°$ をよぎる点の周波数を探せば $0.5\,\mathrm{rad/s}$ と見い出される．この周波数を新しいゲイン交差周波数 ω_c' とするためには，この付近のゲインを 20 dB 低下すればよい．式 (8.55) によってその値だけゲインを低下させるのに必要な α の値を求めれば，$\alpha=10$ を得る．さらに，式 (8.21) によって $1/T_i$ は 0.05 rad/s と定まり，けっきょく，この場合の位相遅れ回路はつぎのような伝達関数をとるように設計すればよい．

$$G_c(s) = \frac{\left(\dfrac{1}{0.05}s+1\right)}{\left(\dfrac{1}{0.005}s+1\right)} \tag{8.63}$$

この伝達関数をもって位相遅れ補償された系のボード線図表示を，やはり図 8.30 に実線で示す。ループゲイン $K=5$ を保ちながら，位相余裕を $45°$ に得ており，希望する仕様を満足していることがわかる。

図 8.31 には，この補償によって得られた閉ループ系の周波数応答特性を示す。未補償系の固有振動数 $\omega_n=1\,\mathrm{rad/s}$ に対し，補償後の固有振動数は $\omega_n=0.75\,\mathrm{rad/s}$（位相 $-90°$ の周波数で判定）に低下しているが，これは位相遅れ補償の性質によるものである。$M_p=3\,\mathrm{dB}$ であり，設計仕様を満たしている。

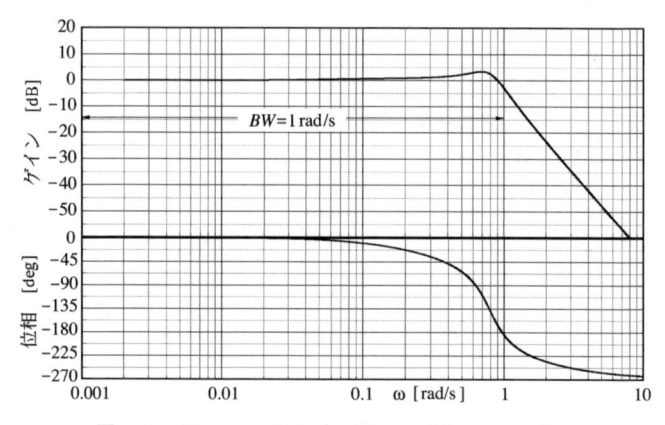

図 8.31 図 8.29 に示す系の閉ループ系のボード線図

〔2〕 s 平面上の設計

位相遅れ回路の極零配置は図 8.30 に示されている。極 p_i 零 z_i は負実軸上におのおの $-1/\alpha T_i, -1/T_i$ の位置にある。この 1 組みの極と零点を s 平面上の原点に近く配置するとき，望む極位置付近の根軌跡をあまり変化させることなく，ループゲイン K を α 倍だけ増すことができる。このことを**図 8.32** によって説明する。

p_1, p_2, p_3 を未補償系の極とし，おのおのの極から根軌跡上の望む根位置までの長さを A, B, C，また角度を $\theta_1, \theta_2, \theta_3$ とすれば，望む根が根軌跡上に存在する条件と，そのときのループゲイン K はつぎのように表される。

$$-(\theta_1+\theta_2+\theta_3)=180°\pm k360° \tag{8.64}$$

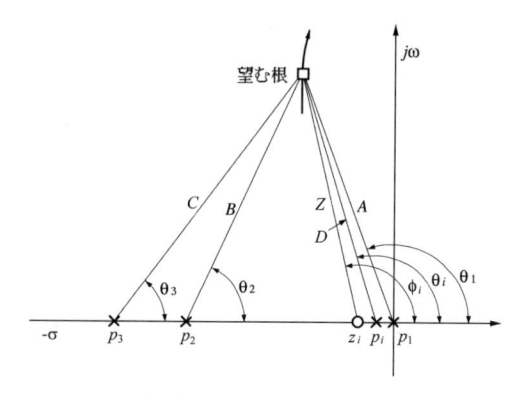

8.3 直列補償によるシステム設計

図8.32 位相遅れ補償の効果の s 平面上の説明

$$K = \frac{A \cdot B \cdot C}{p_2 \cdot p_3} \tag{8.65}$$

つぎに，s 平面上の原点近くに位相遅れ回路の極零を付加配置すれば，上記 2 式はつぎのように修正される．

$$\phi_i - (\theta_1 + \theta_2 + \theta_3 + \theta_i) = 180° \pm k360° \tag{8.66}$$

$$K = \frac{A \cdot B \cdot C}{p_2 \cdot p_3} \cdot \frac{z_i}{p_i} \cdot \frac{D}{Z} = \frac{A \cdot B \cdot C \cdot D}{p_2 \cdot p_3 \cdot Z} \cdot \frac{1/T_i}{1/\alpha T_i} \tag{8.67}$$

ところで，付加される極，零はともに原点に近く配置されるのであるから

$$\phi_i \fallingdotseq \theta_i \tag{8.68}$$

$$D \fallingdotseq Z \tag{8.69}$$

の関係が成立する．式 (8.68) は，式 (8.64) が式 (8.66) とほぼ一致することであるから，原点に近い極零の配慮によって望む根付近の根軌跡はほとんど影響されないことになる．一方，式 (8.69) が成立するとき，式 (8.67) はつぎのように表される．

$$K = \frac{A \cdot B \cdot C}{p_2 \cdot p_3} \cdot \alpha \tag{8.70}$$

つまり，位相遅れ回路の挿入によってループゲインが未補償系のそれの α 倍される．

s 平面上で位相遅れ回路は，つぎの手順で設計される．
① 未補償系の根軌跡を描く．

② 与えられた過渡特性の仕様を基に s 平面上で望まれる根位置を，描かれた根軌跡上に指定する．

③ 望まれる根位置でループゲインを計算し，それと所望のループゲインを比較して必要な増分 α を計算する（式 (8.70) 参照）．

④ 補償後の根軌跡が望む根位置近くを通るように零 $1/T_i$, 極 $1/\alpha T_i$ を配置する．

ここで，この $1/T_i$ を s 平面上に配置する方法が問題である．$1/T_i$ を十分に小さくとって原点に接近して配置すれば，式 (8.68)，(8.69) は満足されるのであるが，$T_i = R_2 C_2$ を必要以上に大きくすることは大きな容量のコンデンサ C_2 が必要となり，回路製作上好ましくない．そこで，$\theta_i - \phi_i$ の差が実質的に④項を満足させる値として $2° \sim 4°$ 程度にとどめるように，作図によって $1/T_i$ の位置を s 平面上に定めるのがよいようである．以下，例題によって説明する．

【例題 8.5】 ボード線図による位相遅れ補償の設計に用いた例題 8.3 を再び使用し，上記の手順で設計を進めよう．

① 未補償系の根軌跡は**図 8.33**（a）に示す．

② 図 8.25 に示す系は位相余裕が $45°$ と指定されている．s 平面上で与える仕様は減衰率 ζ によって指定しなければならないので，式 (7.20) によってこれを置換すれば，望む根位置は，$\zeta = 0.45$ となる．図 8.33 に $\zeta = 0.45$ の線を引けば，未補償系の根軌跡が交わる点のループゲインは $K = 0.8$ である．一方，この系は $K = 5$ と指定されている．

③ そこで $K = 5$ を得るには，位相遅れ補償の係数 α を $5/0.8 = 6.25$ と定めればよい．ここでは余裕を見て $\alpha = 7$ と定めて設計を進める．

④ 図 8.33 上で $p_i = 1/\alpha T_i$, $z_i = 1/T_i$ から望む根位置に向けて測られた角度の差 $\theta_i - \phi_i$ が $4°$ になるように $1/T_i$ の位置を定めれば

$$\frac{1}{T_i} = 0.07, \quad \frac{1}{\alpha T_i} = 0.01$$

となる．これは，ボード線図上で設計した際の値と一致し，位相遅れ回路の伝達関数は式 (8.59) と同じ結果になる．

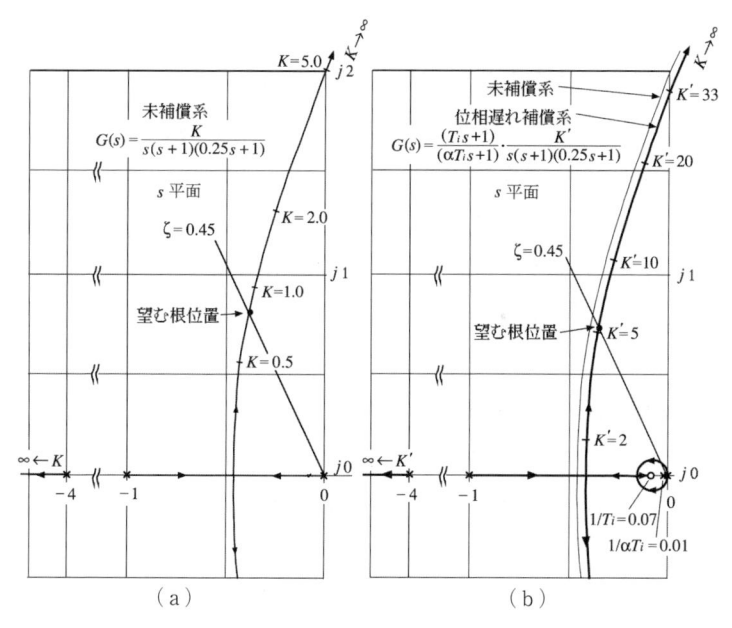

8.3 直列補償によるシステム設計

図 8.33 位相遅れ補償の効果を示す根軌跡図

そのような位相遅れ回路の極と零の配置によって描いた補償後の輔跡を図 8.33（b）に実線で示す．比較のために，未補償系の根軌跡を細い実線で示してある．補償後の根軌跡が $\zeta=0.45$ の線と交わる点を●印で示す．この場合の新しく得られたループゲイン K' は 5.4 となっており，仕様を十分に満足していることがわかる．

また安定限界についても，未補償系の $K=5.0$ から補償後の系が $K'=33$ と改善されている．なお，補償によって，$\zeta=0.45$ の線上の望む根位置はわずかに原点方向に移動しているが，このように固有振動数もしくはバンド幅がわずかに小さくなるのが位相遅れ補償の特徴である．ついでながら，実軸上を零点に向かう負実根は $K'=5$ において 0.076 4 の値を示している．この値は零点の値 $1/T_i=0.07$ とほとんど一致しており，両者は相殺されて制御系の過渡応答には影響を及ぼさない．

〔3〕 **位相遅れ補償の効果**

以上の例から，サーボ性能に与える位相遅れ補償の効果はつぎのようにまと

められる。

① ループゲインが向上され速度誤差定数を増大できる。
② ゲイン交差周波数が減ぜられるので，バンド幅は狭くなる。
③ 過渡応答は多少遅くなる。

なお，根軌跡による設計によって理解されるように，この位相遅れ補償はループゲインの向上に顕著な効果を持っている。この補償の主たる目的は定常特性の改善にあることを強調しておく。

8.3.4 位相進み・遅れ補償による設計

いままでの説明によって，位相進み補償と位相遅れ補償は，おのおの利点と欠点を持っていることがわかった。すなわち，位相進み補償は，位相を進めて安定度に余裕を持たせることによってループゲインの向上を図る。しかし，向上できるループゲインには限度があり，特にゲイン交差周波数付近の位相勾配が急な系は制約される。また，この補償はゲイン交差周波数が高い周波数領域へ移動することを伴う。これは補償によって速応性の向上を図ろうとする場合は望ましい効果であるが，バンド幅が拡張されるので，ノイズカットの性能を持たせようとするサーボ系には障害となる。例えば，アクティブに懸架される車体においては，路面の凹凸による走行時の車の上下動はノイズと見ることができるが，このサーボ機構は車体を一定位置に保ちながら，ノイズ成分をカットするのに十分な狭いバンド幅が望まれる。このようなサーボ系の補償には位相遅れ補償が適当である。位相遅れ補償は，ループゲインの増加を一義的に考えた補償法であって，結果としてゲイン交差周波数が低周波数領域へ移行し，バンド幅を狭くする効果を持つためである。また，9.4節で述べる磁気浮上による落下塔の制御においては，カプセルの浮上制御のためには位相進み補償が不可欠であるが，塔の持つ固有振動数が $16\,\mathrm{Hz}$ 付近にあるために，これを励振しないためにノイズ成分をカットするのに十分な狭いバンド幅が望まれる。

しかし，通常のサーボ系においては，定常誤差の改善に加えて，速応性あるいは広いバンド幅が望まれる場合が多い。例えば油圧加振機は，振動試験の際

の励振源や地震波形のシミュレータとして構造物の耐震試験などに広く利用されているが，種々の試験信号を忠実に再現するには上記の特性が望まれる。このような場合，どちらか一方の補償だけでは実効が上がらない。

そこで一番実用的であり，融通のきく補償として位相進み回路と位相遅れ回路を組み合わせた位相進み・遅れ補償がある。この回路は図 8.10 に示す回路によって実現できる。演算増幅器を用いた場合は図 7.21 によって実現できる。

位相進み・遅れ補償の設計をつぎの例題によって説明する。

【例題 8.6】 この例においては，例題 8.2 と例題 8.3 において使用した系を再び考えよう。この未補償系の開ループ伝達関数を繰り返し表せば

$$G(s) = \frac{5}{s(s+1)(s/4+1)} \tag{8.71}$$

ここで，仕様はつぎのように与えられたものとする。

① $K_v \geq 5\,\mathrm{s}^{-1}$, すなわち $K \geq 5$

② 位相余裕 45° 以上

③ ゲイン交差周波数 $\omega_c \geq 2\,\mathrm{rad/s}$

このように仕様が与えられたとき，位相進み補償だけでは第①項が満足されないことがわかっている。また，位相遅れ補償だけでは仕様の第③項が満足できないことも図 8.26 から理解される。そこで，位相進み・遅れ補償がつぎのとるべき手段である。

しかし，位相進み・遅れ補償による設計に関する定まった手順は特になく，通常は試行錯誤的に行われているようであるが，位相進み補償と遅れ補償の設計手順を適切に応用すればよい。

ボード線図上の設計例をつぎに述べる。この例は位相遅れ補償によって仕様の第①，②項は満足されているので（例題 8.3 参照），位相進み補償によって $\omega_c = 2\,\mathrm{rad/s}$ に定めることから始めよう。この際，図 8.13 の回路を使用する上で注意すべきことは，位相遅れ補償において $\alpha = 7$ と定めたならば，位相進み補償の係数も $\alpha = 7$ と自動的に定まることである。$\alpha = 7$ における最大位相進み角 ϕ_{max} を図 8.9 より求めて，$\phi_{max} = 48°$ の値を得る。一方，図 8.26 におけ

る $\omega=2\,\mathrm{rad/s}$ の位相角は $-182°$ となっている.そこで,ϕ_{max} の生ずる周波数 $\omega_{max}=2\,\mathrm{rad/s}$ と定めて,その位相角に ϕ_{max} を加えれば $-134°$,つまり $\omega=2\,\mathrm{rad/s}$ の点における位相余裕は $46°$ となる.後は与えられた仕様 $K\geqq 5$ の条件下で,$\omega=2\,\mathrm{rad/s}$ を通るゲイン曲線が $0\,\mathrm{dB}$ を取り得るかどうかを調べればよい.

　位相進み補償によって,ω_{max} におけるゲインは $20\log\alpha/2\,[\mathrm{dB}]$ だけ増加するので,その値 $8.45\,\mathrm{dB}$ を図 8.30 の $\omega=2\,\mathrm{rad/s}$ 上のゲインに重ね合わせると $-7.6\,\mathrm{dB}$ となって,$0\,\mathrm{dB}$ に対して $7.6\,\mathrm{dB}$ の余裕を持っていることがわかる.けっきょく,つぎのような伝達関数を持った位相進み・遅れ回路によって,与えられたすべての仕様は満足されることがわかった.

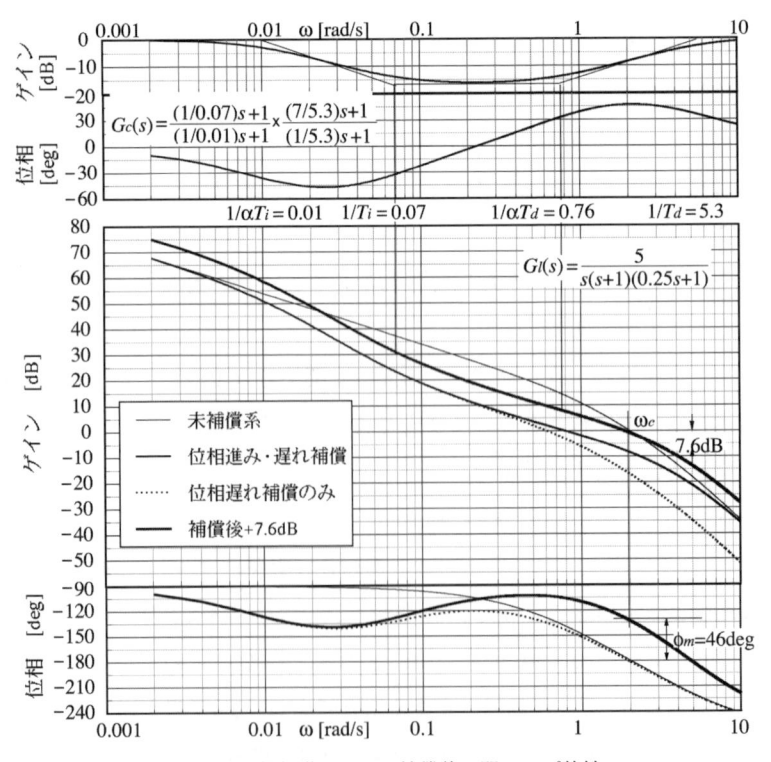

図 8.34　位相進み・遅れ補償後の開ループ特性

$$G_c(s) = \frac{\left(\dfrac{1}{0.07}s+1\right)}{\left(\dfrac{7}{0.07}s+1\right)} \cdot \frac{\left(\dfrac{7}{5.3}s+1\right)}{\left(\dfrac{1}{5.3}s+1\right)} \tag{8.72}$$

図8.34に，未補償系，位相進み・遅れ補償後の系のボード線図を示す。

この図において，$\omega=2\,\mathrm{rad/s}$ を $\omega_c=2\,\mathrm{rad/s}$ とするためには，位相進み・遅れ補償後の系をさらに $7.6\,\mathrm{dB}=[20\times\log(12/5)\mathrm{dB}]$ だけゲイン増加しなければならないことがわかる。そこで，最終的には補償後の開ループ伝達関数をつぎのようにすればよいことになる。

$$G(s) = \frac{\left(\dfrac{1}{0.07}s+1\right)}{\left(\dfrac{7}{0.07}s+1\right)} \cdot \frac{\left(\dfrac{7}{5.3}s+1\right)}{\left(\dfrac{1}{5.3}s+1\right)} \cdot \frac{12}{s(s+1)\left(\dfrac{1}{4}s+1\right)} \tag{8.73}$$

このように，位相進み補償の付加によって，さらにループゲインが向上されている。なお，設計過程で希望する ω_c における位相余裕が満足されないような場合には，α の値の修正によって再度設計を進めていく。

[章末問題]

8.1 開ループ伝達関数が次式で示されるフィードバック制御系において表7.2を満たすゲイン K を求めなさい。

$$G(s) = \frac{K}{s(0.4s+1)(0.05s+1)}$$

8.2 開ループ伝達関数が上式で示される系において速度定常誤差 $K_v=30$，位相余裕 $\geq 40°$ となるような位相遅れ補償器を設計しなさい。

8.3 以下の開ループ伝達関数を有する系において，$M_p=1.3$ になるゲイン K を求めなさい。また ω_p はいくらか。

（a） $G(s)=\dfrac{K}{s(s^2+8s+1)}$ （b） $G(s)=\dfrac{K(0.2s+1)}{s(0.1s+1)(0.05s+1)(2s+1)}$

8.4 サーボ系の一巡伝達関数が

$$G(s)=\frac{K}{s(0.15s+1)(0.05s+1)}$$

のとき，速度誤差を $1/10$ として，なお $M_p=1.3$ にするための位相進み回路を設計しなさい。

9 フィードバック制御の応用例

　フィードバック制御は，機械システムの高性能化のための基幹技術であることをより深く理解してもらうために，本章ではフィードバック制御なくしては実現困難な応用例を紹介する．まず取り上げるのが，2章で紹介した光サーボ機構である．この機構は CD，DVD，Blu-ray などのデータ読取り機構の心臓部になっているが，この出現によって音楽・情報産業界に衝撃を与える改革をもたらすこととなった．長周期・大地震による建物の揺れを観測し，制御することは今日の課題である．それに用いる変位振動計の実現がフィードバック制御によって実現できそうである．工作機械の高精度化もフィードバック制御によって実現できた良い例である．10秒間という短時間であっても高品質な無重力環境を地上で実現できたが，これも落下カプセルの磁気浮上によるフィードバック制御で実現できた．

　本章では，著者がかかわった応用例を紹介して，フィードバック制御を学ぶ動機づけにしたい．

9.1　光サーボ機構の制御への応用

9.1.1　光サーボアクチュエータの構造

　2章の図2.5において光サーボ機構の構成例を紹介した．ここではそこに用いられる光サーボアクチュエータの構成例を紹介する．光サーボアクチュエータには，CD面上のメディア情報を正確に読み取るためにレンズの焦点を合わせるフォーカス制御，所要のメディア情報まで移動させるトラック制御の二つの機能が必要である．それらの機能は，相互干渉することは好ましくないので，図9.1に示す光サーボアクチュエータの構成例[35]では，平行運動するば

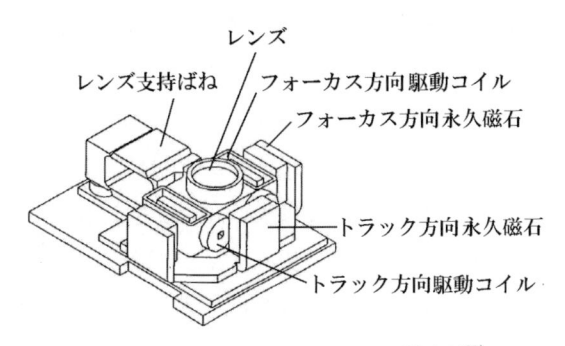

図 9.1 光サーボアクチュエータの構成例[35]

ねによって支持されたレンズが上下動と回転動を分離独立して運動するようになっている。レンズの上下動は，永久磁石で作られた磁場内をフォーカス方向駆動コイルに電流を流すことで行う。これは図2.2に示した電磁アクチュエータを小型化したものである。トラック運動のための回転動は，トラック方向永久磁石の放出する磁束を切るように，トラック方向駆動コイルに電流を流すことでなされている。

しかし最近の構成例では，レンズ部を4本もしくは6本のピアノ線で支持するシンプルな方式が一般的である。

9.1.2 フォーカシングサーボとトラッキングサーボについて

ディスク上に記録されたメディア情報の事例を図9.3に示す。ディスク上のデータを読み取ったり，ディスクにデータを記録したりする際には，レーザビームの焦点がディスクの記録面に正確に合っている必要がある。また，ディスクが回転した際に，レーザビームがトラック上を正確にトレースする必要もある。このため，光サーボ機構のアクチュエータで対物レンズを高速かつ正確に動かしてレーザビームの位置制御をかける。図2.5を参照し，レーザビームの焦点位置を合わせる制御を**フォーカシングサーボ**といい，レーザビームがトラックをトレースできるように位置を合わせる制御を**トラッキングサーボ**という。

9.1.3　フォーカシング誤差，トラッキング誤差の検出方法

それではフォーカシング誤差，トラッキング誤差の検出はいかにして実現されているのであろうか．図9.2にフォーカス（焦点）誤差検出構造の事例を図示する．CD面から反射された円形のレーザビームは二つのプリズムを通って円柱レンズを通過する．円柱レンズでは水平方向の光は曲げられるが垂直方向は直進するので，レンズの後方の像は位置によって縦長の楕円，円，横長の楕円を結ぶことになる．その位置に四分割されたフォトディテクタ（田の字センサと呼ばれる検出器）を置くと，センサ出力には＋，0，－の極性を持った直流電圧が現れる．フォーカシングサーボ系では，センサ出力が0になるようにアクチュエータを制御すれば，CD面上のレーザビームは焦点が合ったことになる．

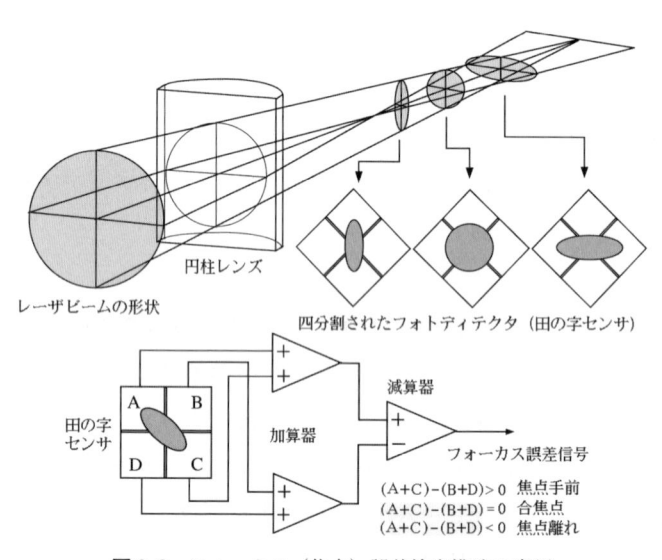

図 9.2　フォーカス（焦点）誤差検出構造の事例

田の字センサは，田の字型に配置された四つの光感応素子で検出された四つの電圧を加算・減算する回路からなっている．例えば，光が四つの素子に一様に当たると，その回路の出力電圧は零，＋45°傾いた楕円の光だと＋電圧，－45°に当たると－電圧の信号が出されるようになっており，光ピックアップ

とメディア間の微小な距離を検出することができる．このセンサによって超高精度な光サーボ機構が実現されている．

図9.3にトラッキング（追尾）誤差検出構造の事例を示す．主ビームを挟むように配置されたサブビームA，Bの2信号の差が誤差信号となる．主ビームがデータ線上にあれば誤差信号は零であるが，上にずれれば＋信号，下にずれれば−信号となって誤差信号がアナログ信号として検出される．トラックピッチとは面上に刻まれたピッチ幅 $x\,[\mu m]$ のことで，表2.1にはCD，DVD，Blu-ray 3者の代表的特性の比較を示す．

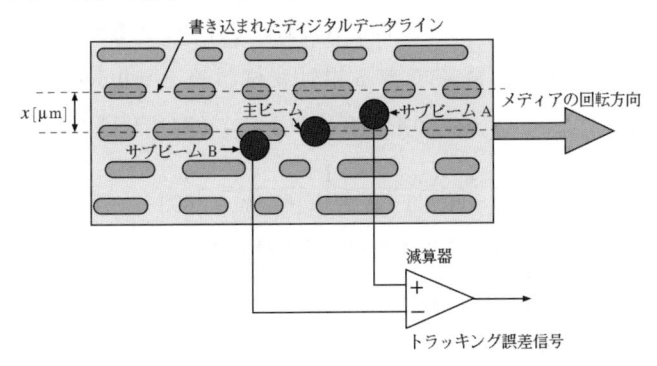

図9.3 トラッキング（追尾）誤差検出構造の事例

9.1.4 周波数応答特性

図2.5を参照し，ディスクの上下動変位を y_{in}，質量 m，ばね定数 k を有する光サーボアクチュエータの上下動変位を y_{out}，両者の相対変位を y_e とすれば，$y_e = y_{in} - y_{out}$ である．これが相対変位誤差となる．この相対変位は田の字センサによって誤差電圧 $e_s = K_s y_e$ に変換される．この電圧は伝達関数 $K_c G_c(s)$ を有する補償増幅器を通して制御電圧 e_y となり，この電圧を電流増幅して制御電流 $i_y = K_a e_y$ が作られる．この電流によって制御力 $f_{cy} = K_d i_y$ が発生し，この力によって光サーボアクチュエータが駆動される．この力とアクチュエータ変位の関係は $f_y = m\ddot{y}_{out} + k y_{out}$ の運動方程式によって表される．ここに，係数 K_s, K_c, K_a, K_d はおのおののセンサ感度，制御ゲイン，電流増幅率，

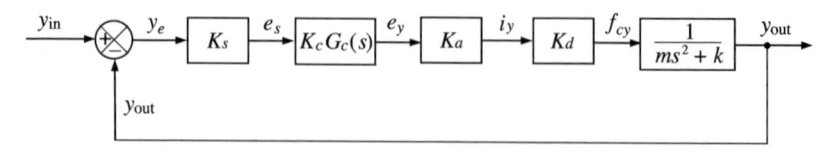

図 9.4 光サーボ機構のフォーカシング制御のブロック線図

力係数を表す定数である。これらの関係をブロック線図で表して**図 9.4** に示す。

光サーボ機構では，メディアの情報を正確に読み取るために相対誤差 y_e が 1 μm 以下になるように設計されている。ここではフォーカシングサーボ系を例にとって制御系を設計しよう。図 2.5 において許容できるディスクの上下動変位を $\pm 0.5\,\mathrm{mm} \leqq y_{\mathrm{in}}$，許容できる相対変位誤差を $\pm 0.5\,\mathrm{\mu m}$ とすれば，$G_c(s)=1$ としたときのループゲイン K を以下のようにすればよい。

$$\frac{y_e}{y_{\mathrm{in}}} = \frac{0.5}{0.5\times 10^3} = \frac{1}{1+K} = \frac{1}{1+K_sK_cK_aK_d/k} = \frac{1}{1\,000} \tag{9.1}$$

そこで，つぎの設計仕様を実現する制御系を設計する。

・ループゲイン：60 dB 以上

・安定性：位相余裕で 35° 以上

・速応性：2 kHz 以上

ここでは，レンズを駆動するアクチュエータの質量を $m=2\,\mathrm{g}$，支持ばねのばね定数と減衰係数を $k=0.2\,\mathrm{N/m}$, $c=0.002\,\mathrm{N\cdot s/m}$ として制御系を設計しよう。この場合，光アクチュエータの固有振動数は 10 Hz となり，周波数応答特性は**図 9.5** の点線で示される。ゲイン交差周波数が $\omega_c=1\,400\,\mathrm{Hz}$ に来るように位相進み補償回路を設計する。

図 9.6 は位相進み補償後の閉ループ特性を示す。バンド幅は 2 kHz を超えており，安定性，速応性の仕様も満たされている。さらに，$K=75\,\mathrm{dB}$ は式 (9.1) が $y_e/y_{\mathrm{in}} \leqq 1/5\,500$ を示しており，高精度化が実現できることを示している。このように，光アクチュエータはメディア上を浮遊している物体の制御であるから，スケールに相違はあるけれども例題 8.1 で説明した月着陸船の制御のイメージで捉えることができる。

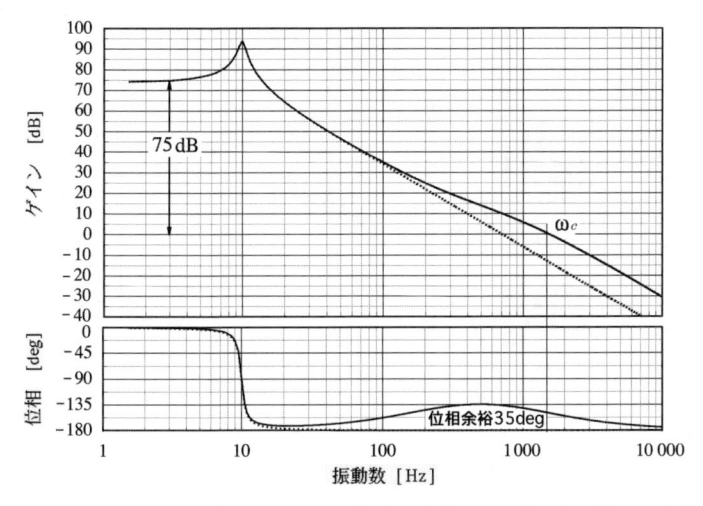

図 9.5 開ループ系の周波数応答特性（点線：補償前，実線：位相進み補償後）

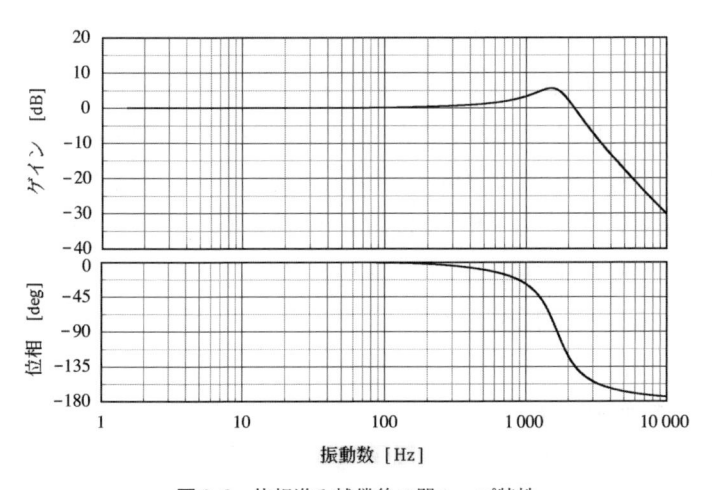

図 9.6 位相進み補償後の閉ループ特性

9.2 長周期・大振幅振動測定用変位振動計の開発への応用

9.2.1 絶対変位振動計の構造

図 9.7 には，ここで取り上げる絶対変位振動計の構造[36]を示す．これは振

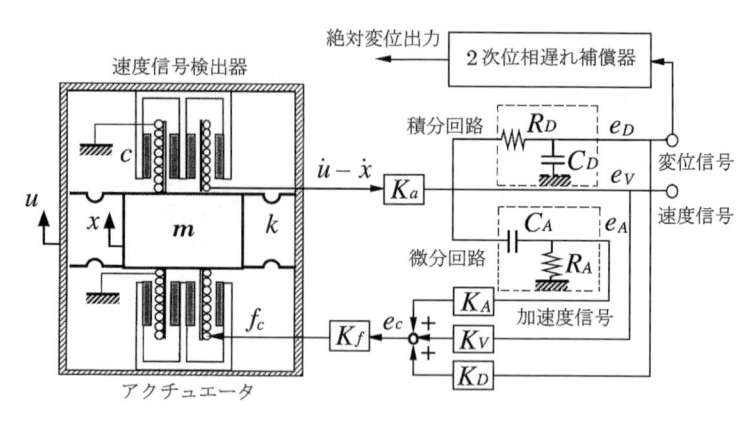

図 9.7 絶対変位振動計の構造

動計内の可動質量 m をばね定数 k の支持ばねで支持し，上部に設置された速度検出器で相対速度を検出，下部に設置されたアクチュエータによって可動質量を制御しながら振動計に加わった絶対変位を計測する仕組みである．絶対変位振動計では固有振動数以上の振動数が変位の測定領域となるので，一般の変位振動計では 1 Hz 以下の低振動数の絶対変位の測定は困難であり，やむを得ず加速度振動計の信号を 2 度積分する演算処理によって変位信号を得ている．しかし，演算処理によるドリフト問題なども起こるので，ここではフィードバック制御によって固有振動数を長周期・大振幅の絶対変位が計測できる変位振動計ができる方法を紹介する．

9.2.2 周波数伝達関数

図 9.7 において，制御回路では相対速度信号をコンデンサ C_D と抵抗 R_D を持つ積分回路を通すことによって相対変位信号電圧 e_D，またコンデンサ C_A と抵抗 R_A を持つ微分回路を通すことによって相対加速度信号電圧 e_A が発生する．

ここに，積分回路の時定数を $T_D = C_D R_D$，微分回路の時定数を $T_A = C_A R_A$ と定義する．これら三つの相対信号におのおの加速度フィードバックゲイン K_A，速度フィードバックゲイン K_V，変位フィードバックゲイン K_D を掛けて

加減算合成することによって制御信号 e_c を得ている．制御力 f_c は制御信号 e_c に力係数 K_f を掛けて作られる．すべてのフィードバックゲインが負記号を取るとき，測定対象となる変位 u と相対変位信号 e_D 間の周波数伝達関数は次式で表される．

$$\frac{e_D}{u}=\frac{mK_a(T_As+1)s^3}{a_0s^4+a_1s^3+a_2s^2+a_3s+a_4} \tag{9.2}$$

ここに

$$a_0=T_DT_Am,\quad a_1=(T_D+T_A)m+T_DT_Ac+T_DT_AK_aK_f(K_V+K_A)$$
$$a_2=m+(T_D+T_A)c+T_DT_Ak+T_AK_aK_f(K_D+K_V+K_A),$$
$$a_3=(T_D+T_A)k+c+K_aK_f(K_D+K_V),\ a_4=k$$

この多項式のままでは伝達関数の性質がつかみにくいので，$T_A \ll 1$ の条件下で $T_A+1 \fallingdotseq 1$，$T_Ds \gg 1$ の条件下で $T_Ds+1 \fallingdotseq T_Ds$ と置けるので，微分回路と積分回路につぎのように近似できる．

$$G(s)=\frac{T_As}{T_As+1} \Rightarrow G(s)\fallingdotseq T_As \quad G(s)=\frac{1}{T_Ds+1} \Rightarrow G(s)\fallingdotseq \frac{1}{T_Ds}$$

この近似によって，式 (9.2) は式 (9.3) のように置換される．

$$\frac{e_D}{u}=\frac{mK_as^2}{T_D(m+T_AK_aK_fK_A)s^2+T_D(c+K_aK_fK_V)s+T_Dk+K_aK_fK_D} \tag{9.3}$$

これは2次形式の伝達関数であり，式 (9.3) より，固有振動数 ω_n と減衰比 ζ がつぎのように得られる．

$$\omega_n=\sqrt{\frac{k+(K_aK_fK_D)/T_D}{m+T_AK_aK_fK_A}} \tag{9.4}$$

$$\zeta=\frac{c+K_aK_fK_V}{2\sqrt{(m+T_AK_aK_fK_A)(k+K_aK_fK_D/T_D)}} \tag{9.5}$$

9.2.3 各フィードバックゲインの効果

式 (9.4)，(9.5) から，各フィードバックゲインの効果を挙げると以下のように見てとれる．

（1） 相対変位フィードバックゲイン：K_D

各式は負帰還の符号で表されているので，これの正帰還によって式 (9.4) の分子の符号は負に転じ，固有振動数を低下できる。それによって，減衰比は多少増加する。

（2） 相対速度フィードバックゲイン：K_V

このゲインの負帰還によって減衰比を大きく，また正帰還によって小さくできるので，このゲインは減衰比の調整機能を果たすことができる。

（3） 相対加速度フィードバックゲイン：K_A

このゲインは可動質量をアクティブに増加する機能を有しているので，この増加によって固有振動数を低下できる。しかも，測定レンジの拡大機能を有しているので，おもに本ゲインを使用することになる。

9.2.4 実測により得られた周波数応答特性と期待される効果

図 9.8 には可動質量範囲 ±1 mm の変位振動計を試作して，それによって

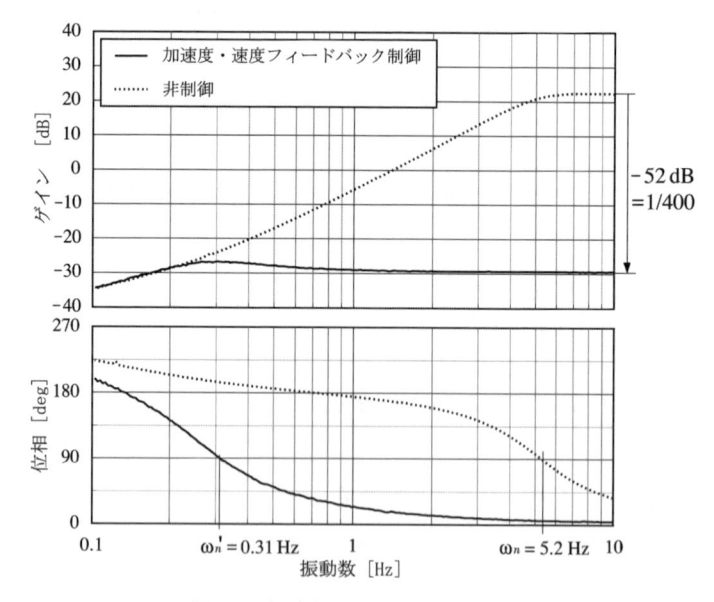

図 9.8 加速度フィードバックの効果

加速度フィードバックをおもに使用した場合の周波数応答特性[37]を示す。

　非フィードバック制御時の固有振動数が5.2 Hzであったものが，加速度フィードバックによって0.31 Hz（位相＋90 degで判定）に低下している。しかもゲインが−52 dBに低下している。これは±1 mmの可動範囲の振動計で400 mmの変位振幅が測れることを意味しており，小型の振動計で大振幅・長周期の振動変位が測れることになる。このように加速度フィードバックの大きな効果が期待される事例もある。しかも，固有振動数は0.31 Hzまで低下しているので，図9.7に示した2次の位相遅れ補償器を適切に追加することによって，さらに固有振動数の低下が図られ，10秒以上の長周期地震動にも対処できる変位振動計の実現が期待できる[38]。

9.3　工作機械のテーブル位置決め装置[15]

　1章の図1.3で取り上げた工作機械のテーブル位置制御装置の実施例とその性能について紹介する。**図9.9**は，NC（数値制御）工作機械テーブル制御装置の構成例[27]である。テーブル重量は150 kgf，ボールねじのリードは0.8 mm，歯数比は5/8でサーボモータは油圧サーボモータが使用されている。また，テーブルの位置検出器には最小分解能1 μmのマグネスケールが使用されている。

　マグネスケールで検出されたテーブル位置はBCD（2進化10進）コードの

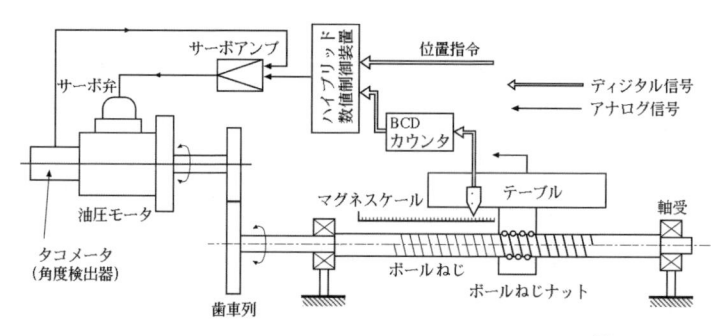

図9.9　NC（数値制御）工作機械テーブル制御装置[28]

ディジタル信号であるので，ハイブリッドNC装置では位置指令値もBCDコードで与えられ，その誤差信号はアナログ信号に変換されてサーボアンプに出力され，サーボ弁によって油圧サーボモータが駆動されるようになっている。

図 9.10 には微小入力に対するステップ応答，**図 9.11** にはランプ入力に対する応答[28],[29]を示している。テーブルとベッド間は静圧軸受で支持されており，ボールねじによる送り機構が用いられているので，機械的摩擦は無視できる。したがって，位置決め精度は使用する位置検出器の精度に依存する。これがフィードバック制御の大きな特徴である。

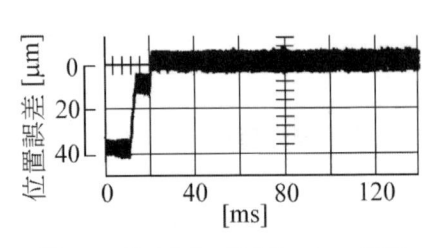

図 9.10 微小入力に対するステップ応答　　図 9.11 ランプ入力に対する応答

9.4 無重力落下カプセルの磁気浮上リニアガイドへの応用

9.4.1 無重力落下実験施設[39],[40]

磁気浮上リニアガイドの格好の応用例として，1991年に北海道上砂川にある旧炭鉱の深さ710 mの立坑を利用して完成した無重力落下実験施設がある。その無重力落下実験施設の概要と落下カプセルの全景を**図 9.12**に示す。これは，微小重力時間：10秒，微小重力レベル：10^{-5} G レベル，最大搭載重量：1 000 kg という世界最大の無重力落下塔である。この施設を利用して，新素材の開発，物性の研究などの多くの成果を残して役目を終え，『地下につくられた小さな宇宙』(株式会社地下無重力実験センター発行) として貴重な資料にまとめられ単行本[26]として出版されている。ここでは，その実験施設を支える磁気浮上リニアガイドのフィードバック制御について紹介する。

9.4 無重力落下カプセルの磁気浮上リニアガイドへの応用

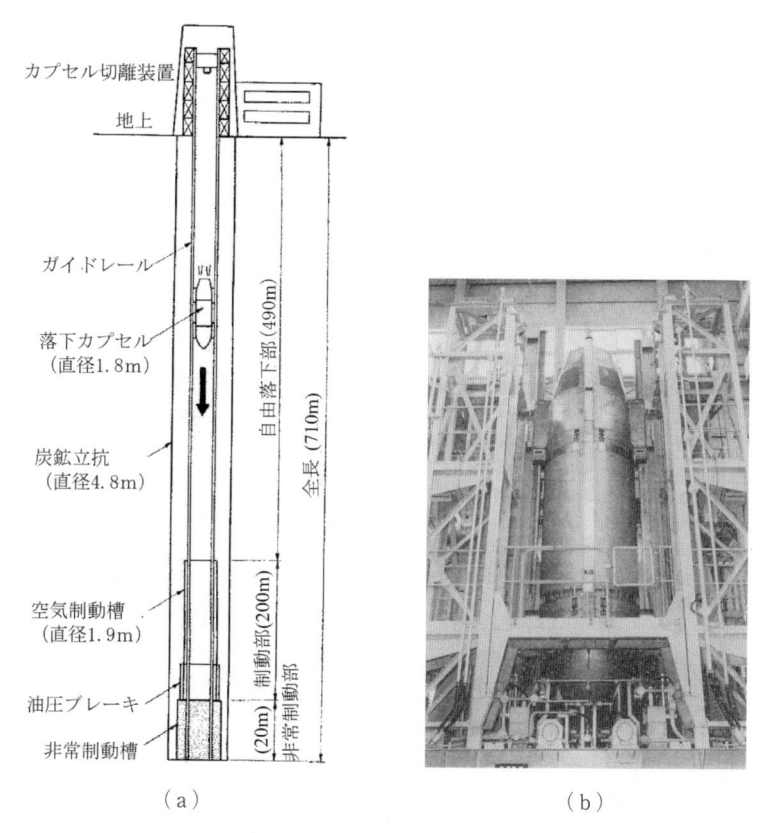

図中ラベル（a）：
- カプセル切離装置
- 地上
- ガイドレール
- 落下カプセル（直径1.8m）
- 炭鉱立坑（直径4.8m）
- 空気制動槽（直径1.9m）
- 油圧ブレーキ
- 非常制動槽
- 自由落下部（490m）
- 全長（710m）
- 制動部（200m）
- （20m）制動部
- 非常制動部

(a)　　　(b)

図9.12 無重力落下実験施設

　この施設では立坑に設置された2本の鋼製のガイドレールに沿って，電磁力で非接触浮上させたカプセルを490m自由落下させ，10秒間の良質な無重力環境を作り出すことができる。落下カプセルの停止には空気制動槽と油圧ブレーキを設け，停止時の衝撃を8G程度に抑えているので，小動物を乗せての実験も可能である。この良質な無重力環境は，落下するカプセルを磁気浮上支持によって動的にガイドレールから切り離し，振動絶縁することで実現された。それでは，磁気浮上リニアガイドとその制御がどのように実施されているか，そのことについて考察する。

9.4.2 磁気浮上リニアガイドの構造

図 9.13 に示された落下カプセルは，最大の実験装置搭載時の総重量が 5.7 トン，磁気ガイドは Y 方向 2 対，Z 方向 4 対，計 12 個のマグネットからなっている．そこで，ここでは Y 方向の制御を試みることとして，総重量の 1/2 を質量とみなし，以下のようなパラメータを設定した．

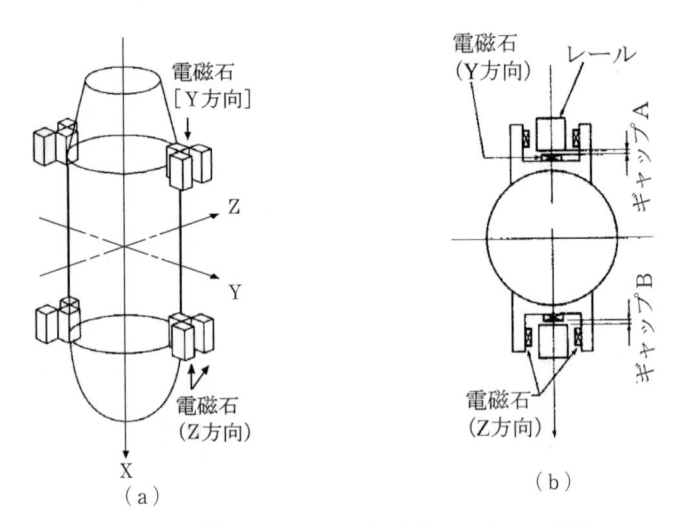

$$M = 2\,850\text{ kg}, \quad k_2 = -285\text{ kN/m}, \quad R = 3\text{ Ω}, \quad L = 0.2\text{ H}$$

図 9.13 磁気浮上リニアガイドと落下カプセルの構造

9.4.3 磁気浮上リニアガイドのフィードバック制御

磁気軸受のブロック線図による表示については 3 章の図 3.37 で紹介した．この磁気浮上リニアガイドは，磁気軸受におけるロータをレールに置き換えれば，同様なブロック線図表現が可能である．この場合もレールと電磁石間は負ばね特性を持っているので，安定化のための位相進み補償器が必要である．そのブロック線図表示を図 9.14 に示す．

そこで，まず位相進み補償器の伝達関数を単なるゲイン定数 $G_c(s) = K_c$ と置けば，このフィードバック制御系の一巡伝達関数は式（9.6）のように表される．

9.4 無重力落下カプセルの磁気浮上リニアガイドへの応用

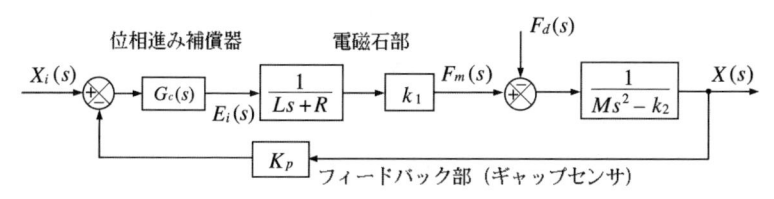

図 9.14 位相進み補償器が組み込まれたフィードバック制御系

$$KG(s)H(s) = \frac{K_c k_1 K_p}{(Ls+Rk_2)(Ms^2-Rk_2)} = \frac{K}{\left(s+\dfrac{R}{L}\right)\left(s^2-\dfrac{k_2}{M}\right)} \quad (9.6)$$

ここでは，ループゲイン $K=(K_c k_1 K_p)/(Rk_2)$ と置いている。このときの根軌跡を図 9.15 に示す。この場合の根は $s=-R/L=-15, s=\pm\sqrt{k_2/M}=\pm 10.0$ なので，一巡伝達関数の極，$p_1=10.0, -p_2=-10.0, -p_3=-15.0$ を根軌跡の出発点として，ループゲイン K の増加に伴って3方向に分かれて進む根軌跡がある。その内の一つは実軸上左遠方に向かうが，ほかの二つの根軌跡は s 平面の右半面にある不安定根であり，共役根として右上下遠方に進む。つまり，磁気軸受系の単なるフィードバック制御では不安定で使用できないことが

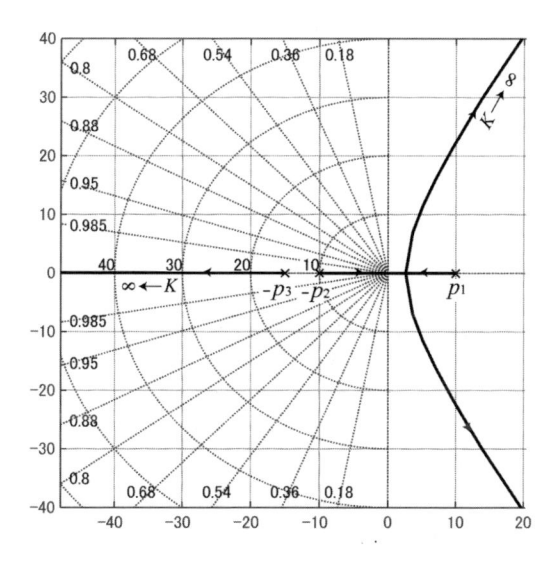

図 9.15 位相進み補償器なしの根軌跡

わかる。

そこで安定化のための位相進み補償を行う。この場合，制御対象にすでに不安定根が存在するので，これを安定化するための位相進み補償器と，さらに希望する特性を得るための位相進み補償器の2重の位相進み補償器が必要となる。そのための2重位相進み補償器の伝達関数は以下のようになる。

$$G_c(s) = \left(\frac{T_{d1}\alpha_1 s + 1}{T_{d1}s + 1}\right)\left(\frac{T_{d2}\alpha_2 s + 1}{T_{d2}s + 1}\right)$$

そこで，1段目の位相進み補償器の零点は p_1 を左半面に引き戻すように設定し，2段目の位相進み補償器の零点は $-p_2$ を相殺するように設定する。図9.16は○印をそのような零点，×印を極で示した極零配置にループゲイン K を変化させたときの根軌跡である。ループゲインの安定限界は $K=2.84\times10^6$ であり，そのときの周波数は 31.6 rad/s である。また，ループゲインを $K=1.11\times10^6$ に定めれば固有振動数は $\omega_n=20.5$ rad/s（$=3.26$ Hz），$\zeta=0.358$ となる。このゲインに制御器を定めれば，2次系近似の周波数応答特性となり，図4.8に示された2次系のボード線図が利用できる。すなわち，$\omega_n=20.5$ rad/s（$=3.26$ Hz）以上の周波数では -40 dB/dec. の勾配でゲインが低下する周波数応答特性となる。

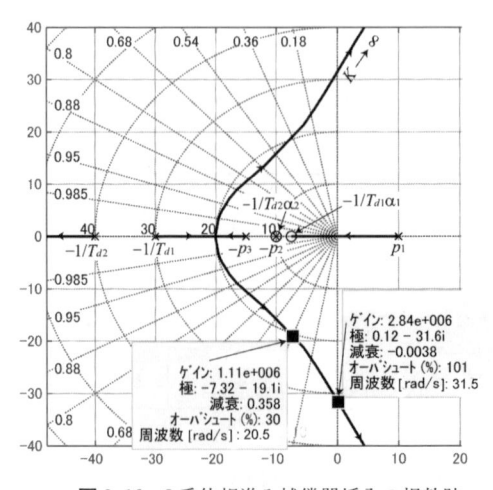

図9.16 2重位相進み補償器挿入の根軌跡

9.4 無重力落下カプセルの磁気浮上リニアガイドへの応用

この実験装置ではカプセル切離し装置の固有振動数が $16\,\mathrm{Hz}=100\,\mathrm{rad/s}$ なので，リニアガイドの周波数応答倍率は $X/X_i(\omega=100\,\mathrm{rad/s})=-25\,\mathrm{dB}=1/18$ となり，外乱の影響は $1/18$ に低減できることになり，何らかの外乱がカプセルに加わってもその影響が微小である．

9.4.4 考　察

図 9.17 は，文献 32, 33) に報告されたカプセル落下時のレール中心からのカプセル変位である．落下領域 10 秒間はカプセル変位 $\pm 2\,\mathrm{mm}$ 以内のスムーズな落下特性を示している．図 9.16 に示した根軌跡による解析によって，フィードバック制御時の固有振動数が $f_n=3.26\,\mathrm{Hz}\,(20.5\,\mathrm{rad/s})$ に設定されていれば，カプセル切離し装置の固有振動数 $f_{ns}=16\,\mathrm{Hz}$ に対して $-26\,\mathrm{dB}=1/20$（図 4.8 参照）の振動絶縁効果が期待できるので，カプセルの切離し時の衝撃の影響は少ないものと思われる．そのことを図 9.17 は実証している．

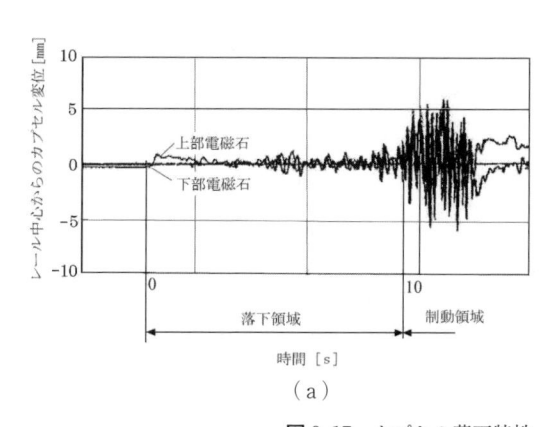

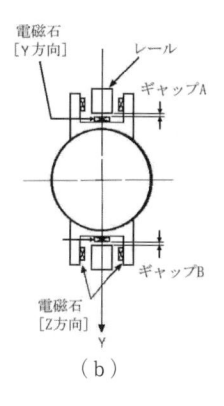

図 9.17　カプセル落下特性

このようにして，巨大な落下カプセルも電磁石を用いた磁気浮上のフィードバック制御によって，10 秒間の落下をガイドレールに接することなくスムーズな落下を可能にしたと考察する．

付　　録

1.　ラプラス変換表[15]

時　間　関　数	複　素　関　数
$f(t) = \mathcal{L}^{-1}[F(s)]$ $= \dfrac{1}{2\pi j} \displaystyle\int_{c-j\infty}^{c+j\infty} F(s)e^{st}ds$	$F(s) = \mathcal{L}[f(t)]$ $= \displaystyle\int_0^\infty f(t)e^{-st}dt$
$Af_1(t) + Bf_2(t)$	$AF_1(s) + BF_2(s)$
$\dfrac{df(t)}{dt}$	$sF(s) - f(0^+)$
$\dfrac{d^n f(t)}{dt^n}$	$s^n F(s) - s^{n-1}f(0^+) - s^{n-2}f'(0^+)$ $-\cdots - f^{(n-1)}(0^+)$
$tf(t)$	$-\dfrac{dF(s)}{ds}$
$\displaystyle\int_0^t f(\tau)d\tau$	$s^{-1}F(s)$
$\displaystyle\int_0^t \int_0^t \cdots \int_0^t f(\tau)(d\tau)^n$	$s^{-n}F(s)$
$e^{at}f(t)$	$F(s-a)$
$f(t-a) \begin{cases} =0 & t<a \\ \neq 0 & t>a \end{cases}$	$e^{-as}F(s)$
$\delta(t)$　(Impulse)	1
$u(t)$　(Unit Step)	$\dfrac{1}{s}$
t　(Ramp)	$\dfrac{1}{s^2}$
t^n　(n：整数)	$\dfrac{n!}{s^{n+1}}$

時 間 関 数	複 素 関 数
e^{-at}	$\dfrac{1}{s+a}$
te^{-at}	$\dfrac{1}{(s+a)^2}$
$\dfrac{e^{-at}-e^{-bt}}{b-a}$	$\dfrac{1}{(s+a)(s+b)}$
$\dfrac{1}{a}\sinh at$	$\dfrac{1}{s^2-a^2}$
$\cosh at$	$\dfrac{s}{s^2-a^2}$
$\dfrac{1}{b}e^{-at}\sinh bt$	$\dfrac{1}{(s+a)^2-b^2}$
$e^{-at}\cosh bt$	$\dfrac{s+a}{(s+a)^2-b^2}$
$\cos \omega_n t$	$\dfrac{s}{s^2+\omega_n^2}$
$\sin \omega_n t$	$\dfrac{\omega_n}{s^2+\omega_n^2}$
$\dfrac{\omega_n}{\sqrt{1-\zeta^2}}e^{-\zeta\omega_n t}\sin \omega_n\sqrt{1-\zeta^2}\,t$	$\dfrac{\omega_n^2}{s^2+2\zeta\omega_n s+\omega_n^2}$
$\dfrac{1}{T^n(n-1)!}t^{n-1}e^{-t/T}$	$\dfrac{1}{(1+sT)^n}$
$\dfrac{T\omega_n^2 e^{-t/T}}{1-2\zeta T\omega_n+T^2\omega_n^2}$ $+\dfrac{\omega_n e^{-\zeta\omega_n t}\sin(\omega_n\sqrt{1-\zeta^2}\,t-\phi)}{\sqrt{(1-\zeta^2)(1-2\zeta T\omega_n-T^2\omega_n^2)}}$ ここで, $\phi=\tan^{-1}\left(\dfrac{T\omega_n\sqrt{1-\zeta^2}}{1-T\zeta\omega_n}\right)$	$\dfrac{\omega_n^2}{(1+Ts)(s^2+2\zeta\omega_n s+\omega_n^2)}$
$1+\dfrac{1}{\sqrt{1-\zeta^2}}e^{-\zeta\omega_n t}\sin(\omega_n\sqrt{1-\zeta^2}\,t+\phi)$ ここで, $\phi=\tan^{-1}\dfrac{\sqrt{1-\zeta^2}}{\zeta}$	$\dfrac{\omega_n^2}{s(s^2+2\zeta\omega_n s+\omega_n^2)}$
$1-e^{-t/T}$	$\dfrac{1}{s(1+Ts)}$
$1-\dfrac{t+T}{T}e^{-t/T}$	$\dfrac{1}{s(1+Ts)^2}$

2. 代表的な根軌跡[15]

No.	一巡伝達関数	根軌跡	No.	一巡伝達関数	根軌跡
1	$\dfrac{K(s+z_1)}{(s+p_2)(s+p_4)}$		8	$\dfrac{K(s+z_1)}{(s+p_2)(s+p_4)(s+p_6)}$	
2	$\dfrac{K(s+z_1)}{(s+a+j\beta)(s+a-j\beta)}$		9	$\dfrac{K(s+z_1)(s+z_3)}{s(s+p_2)(s+p_4)}$	
3	$\dfrac{K(s+z_1)}{(s+p_2)(s+p_3)}$		10	$\dfrac{K(s+z_1)(s+z_3)}{(s+p_2)^3}$	
4	$\dfrac{K}{(s+p_1)(s+p_2)(s+p_3)}$		11	$\dfrac{K}{(s+p_2)(s+p_4)(s+p_6)(s+p_8)}$	
5	$\dfrac{K}{(s+p_1)(s+a+j\beta)(s+a-j\beta)}$		12	$\dfrac{K}{s(s+p_2)(s+a+j\beta)(s+a-j\beta)}$	
6	$\dfrac{K(s+z_1)}{(s+p_2)(s+p_4)(s+p_6)}$		13	$\dfrac{K(s+z_1)}{s(s+p_2)(s+a+j\beta)(s+a-j\beta)}$	
7	$\dfrac{K(s+z_1)}{(s+p_2)(s+p_4)(s+p_6)}$		14	$\dfrac{K(s+z_1)}{s(s+p_2)(s+a+j\beta)(s+a-j\beta)}$	

引用・参考文献

1) Truxal, J. G. : Automatic Feedback Control System Synthesis, McGraw-Hill (1955)
2) Kuo, B. C. : Automatic Control Systems, Prentice-Hall, Inc. (1967)
3) Shinners, S. M. : Control System Design, John Wiley & Sons (1964)
4) Thaler, G. J. and Brown, R. G. : Servomechanism Analysis, McGraw-Hill (1953)
5) Takahashi, Y. and Rabins, M. J. : Control and Dynamic Systems, Addison-Wesley (1972)
6) Dorf, R. C. : Modern Control Systems, Addison-Wesley (1967)
7) 高橋安人編集：自動制御論，共立出版 (1960)
8) 中田 孝：自動制御の理論，オーム社 (1965)
9) 土屋喜一，畠山正俊：プロセス制御，オーム社 (1965)
10) 伊沢計介：自動制御入門，オーム社 (1967)
11) 市州邦彦：体系自動制御理論，朝倉書店 (1966)
12) 長田 正：フィードバック制御，オーム社 (1971)
13) Dorf, R. C., 佐貫亦男訳：制御システム工学，培風館 (1970)
14) 中田 孝：工学解析—技術者のための数学手法，オーム社 (1972)
15) 富成 襄，背戸一登，岡田養二：サーボ設計論，コロナ社 (1979)
16) 増淵正美：改訂自動制御基礎理論，コロナ社 (1978)
17) 増淵正美：自動制御例題演習，コロナ社 (1971)
18) 高橋安人：自動制御計算法，オーム社 (1982)
19) 中島平太郎，小川博司：コンパクトディスク読本，オーム社 (1982)
20) 片山 徹：フィードバック制御の基礎，朝倉書店 (1987)
21) 木田 隆：フィードバック制御の基礎，培風館 (2003)
22) 杉江俊治，藤田政之：フィードバック制御入門，コロナ社 (1999)
23) 背戸一登，松本幸人：パソコンで解く振動の制御，丸善 (1999)
24) Preumont, A. and Seto, K. : Active Control of Structures, John Wiley & Sons (2008)
25) 背戸一登：構造物の振動制御，コロナ社 (2006)
26) 北海道無重力環境利用促進協議会：地下につくられた小さな宇宙，株式会社地下無重力実験センター (2000)
27) 背戸一登，山田金雄：NC 送り駆動機構に関する研究（系の動力学と閉ループ

制御について),日本機械学会論文集(以下機論),**41**-351,pp.3304-3314(1975)

28) 背戸一登,鈴木誠司:NC送り駆動機構に関する研究(ハイブリッドNC装置による動特性の解析),機論,**45**-395,pp.786-796(1979)

29) Seto, K.: New NC Device for Feedback Controlled Feed Drives, Int. J. Mach. Tool Des. Res., Pergamon Press Ltd., 19, pp.53-67 (1979)

30) 背戸一登,滝田好宏,富成 襄:ソフトウェアサーボによる多関節ロボットアームの制御,機論,**50**-457,pp.1751-1756(1984)

31) 滝田好宏,背戸一登,中溝高好:ソフトウェアサーボによるロボットマニピュレータの最適制御,機論,**51**-468,pp.2145-2151(1985)

32) 滝田好宏,背戸一登:4足歩行ロボットの静的歩行制御,機論,**54**-499,pp.638-645(1986)

33) 滝田好宏,背戸一登,長松昭男:4足歩行ロボットの準動的歩行,機論,**52**-484,pp.3249-3255(1988)

34) 背戸一登,梶原逸郎,森藤浩明,長松昭男:制御性を考慮した構造最適化法による光サーボ系の設計(第1報,制御系と構造系の一体化設計法),機論,**55**-516,pp.2029-2036(1989)

35) 梶原逸郎,背戸一登,長松昭男,森藤浩明:制御性を考慮した構造最適化法による光サーボ系の設計(第3報,光ピックアップの開発への応用),機論,**55**-516,pp.2045-2052(1989)

36) Seto, K., Iwasaki, Y., Itoh, A., and Shimoda, I.: Development of a Seismometer-Type Absolute Displacement Sensor Aimed at Detecting Earthquake Waves with a Large Magnitude and Long Period, Journal of Civil Engineering and Architecture, **6**-6, pp.721-729 (2012)

37) 背戸一登,岩崎雄一,伊藤彰彦,宮崎 充:長周期・大振幅の動的計測を目指した絶対変位振動計の開発,日本機械学会D&D Conf. 2012 CD-Rom.(2012)

38) 石川弘二,背戸一登,岩崎雄一,宮崎 充,渡辺 亨:長周期・大振幅振動の計測を可能にする絶対変位振動計の開発,機械学会関東支部19期総会講演会機講論(2013)

39) Sakurai, H., et al.: Development of Test Capsule Falling through Drop Shaft, IHI Engineering Review, **26**-4, pp.127-132 (1993)

40) 桜井英世ほか:無重力落下カプセルの開発,石川島播磨技報,**33**-2,pp.1-6(1993)

索　引

【あ】

アクチュエータ	2
アナログ加算回路	34
安定性	71, 117
安定判別法	73

【い】

位相遅れ補償	120, 130
位相遅れ補償領域	118
位相遅れ要素	133
位相交差周波数	81
位相進み・遅れ補償	120
——による制御	6
位相進み補償	120, 130
位相進み補償領域	118
位相進み要素	130
位相余裕	81
1型の系	64
位置決め装置	169
位置誤差定数	65
1次遅れ要素	51
1次系	51
1次進み要素	51
一巡伝達関数	77
インディシャル応答	58
インパルス	54
インパルス応答	55
インピーダンス	16

【え】

演算子法	18
遠心調速機	2

【お】

オーバシュート	62
オフセット	6, 65
オペアンプ	34
重み関数	56

【か】

開ループ伝達関数	100
過減衰	61
加算積分器	35
カスケード接続	27
加速度誤差定数	67
過渡特性	107

【き】

逆ラプラス変換	18, 21
共振周波数	15, 105
共振ピーク	105
極	89
近似インパルス	55

【く】

駆動部	1

【け】

ゲイン交差周波数	81
ゲイン余裕	81
減衰率	53, 105
現代制御	5
現代制御理論	4

【こ】

誤差信号	1
誤差伝達関数	64
古典制御	5
根軌跡	89
コントローラ	2

【さ】

最終値の定理	20
最適設計	106
サーボ機構	5
サーボ系	69
残留偏差	6

【し】

時間移動の定理	19
磁気軸受	41
磁気浮上	41
磁気浮上リニアガイド	172
時定数	60
周波数応答	47
——の位相角	48
——の共振の最大値	15
——のゲイン	48
周波数伝達関数	48
出力信号	1
状態フィードバック	119
初期値の定理	20
信号変換器	2
振動計	165

【す】

スケール変換	127
ステップ応答	59
ステップ関数	20, 57

【せ】

制御器	1
制御対象	2
制御要素	2
整定時間	15
積分制御	6
0型の系	64

【そ】

速応性	117
速度誤差	66
速度誤差定数	66

【た】

畳込み積分	56
立上り時間	15

【ち】

直列接続	27
直列補償	119, 125

【つ】

追従制御	6
月着陸船	140

索引

【て】
定常誤差　15, 64, 116, 117
定常誤差定数　63
定常速度誤差　66
定常特性　107
定置制御　5
デシベル　50
電気・機械サーボ　9
電気・機械サーボ機構　9
電磁アクチュエータ　10
伝達関数　24

【と】
特性根　25
特性設計　106, 117
特性方程式　25
トラッキングサーボ　161

【な】
ナイキスト軌跡　78
ナイキストの安定判別法　78
ナイキストの簡易安定
　判別法　80

【に】
2型の系　64
ニコルス線図　101
2次遅れ要素　53
入力信号　1

【は】
歯数比　38
パラボリック関数　58
半値時間　15
ハンティング　3, 85
ハンティング現象　87

バンド幅　15, 105

【ひ】
光サーボ機構　12, 160
微分制御　6
評価関数　123
比例制御　6

【ふ】
フィードバック　1, 28
フィードバック信号　2
フィードバック制御　1, 14
フィードバック補償　119, 125
フィードバック要素　1
フォーカシングサーボ　161
複素関数　18
符号反転器　35
部分分数展開　22
ブラシレスサーボ　10
フルビッツの安定判別法　73
プログラム制御　6
プロセス制御　5
ブロック線図　1, 24, 26
分岐点　91

【へ】
閉ループ伝達関数　100
並列接続　28
ベクトル軌跡　48

【ほ】
補償　118, 125
補償回路　125
補償器　125
補償法　118
ポスト現代制御　5
ボード線図　50

――での安定判別法　83

【ま】
前向きの制御要素　7
前向き要素　2

【む】
無減衰共振周波数　60
無重力落下カプセル　170

【め】
メイソンの公式　30

【ゆ】
行過ぎ時間　15
行過ぎ量　14

【ら】
ラウスの安定判別法　74
ラウス・フルビッツの
　安定判別法　73
ラプラスの演算子　18
ラプラス変換　4, 17
ランプ関数　20, 58

【り】
臨界減衰　61

【る】
ループゲイン　126

【れ】
零点　89

【ろ】
ロボットアーム　11

【A】
A-D 変換器　34

【C】
CD プレーヤ　12

【D】
D 動作　6

【I】
I 動作　6

【M】
MATLAB　97
M_p 規範　107, 112
M 軌跡　130

【N】
NC 工作機械　169

【P】
PID 制御　6, 119, 121
P 動作　6

―― 著者略歴 ――

背戸 一登(せと かずと)
1962年 日本大学理工学部機械工学科卒業
1962年 日本大学理工学部精密機械工学科助手
1971年 東京都立大学大学院工学研究科
       博士課程修了（機械工学専攻）
       工学博士
1971年 防衛大学校講師
1973年 防衛大学校助教授
1986年 防衛大学校教授
1993年 日本大学教授
2006年 日本大学総合科学研究所教授
2006年 有限会社背戸振動制御研究所代表取締役
       現在に至る
2007年 日本大学退職

日本機械学会名誉員
技術士（機械部門），APECエンジニア

渡辺 亨(わたなべ とおる)
1989年 慶應義塾大学理工学部機械工学科卒業
1992年 慶應義塾大学大学院理工学研究科
       修士課程修了（機械工学専攻）
1994年 慶應義塾大学大学院理工学研究科
       後期博士課程修了（機械工学専攻）
       博士（工学）
1994年 慶應義塾大学助手
1998年 慶應義塾大学専任講師
2000年 日本大学専任講師
2007年 日本大学准教授
2010年 日本大学教授
       現在に至る

フィードバック制御の基礎と応用
Fundamentals and Applications of Feedback Control
Ⓒ Kazuto Seto, Toru Watanabe 2013

2013年10月21日 初版第1刷発行 ★

検印省略	著 者	背　戸　一　登
		渡　辺　亨
	発行者	株式会社　コロナ社
	代表者	牛来真也
	印刷所	新日本印刷株式会社

112-0011　東京都文京区千石4-46-10
発行所　株式会社　コロナ社
CORONA PUBLISHING CO., LTD.
Tokyo Japan

振替00140-8-14844・電話(03)3941-3131(代)
ホームページ http://www.coronasha.co.jp

ISBN 978-4-339-03207-9　（横尾）　　（製本：愛千製本所）
Printed in Japan

本書のコピー，スキャン，デジタル化等の無断複製・転載は著作権法上での例外を除き禁じられております。購入者以外の第三者による本書の電子データ化及び電子書籍化は，いかなる場合も認めておりません。

落丁・乱丁本はお取替えいたします

システム制御工学シリーズ

(各巻A5判，欠番は品切です)

■編集委員長　池田雅夫
■編集委員　足立修一・梶原宏之・杉江俊治・藤田政之

配本順　　　　　　　　　　　　　　　　　　　　　　　　　頁　定価
1. (2回)　システム制御へのアプローチ　　大須賀　公二／足立　修　共著　190　2520円
2. (1回)　信号とダイナミカルシステム　　足立　修一著　216　2940円
3. (3回)　フィードバック制御入門　　杉江　俊治／藤田　政之　共著　236　3150円
4. (6回)　線形システム制御入門　　梶原　宏之著　200　2625円
5. (4回)　ディジタル制御入門　　萩原　朋道著　232　3150円
7. (7回)　システム制御のための数学(1)
　　　　　－線形代数編－　　太田　快人著　266　3360円
9. (12回)　多変数システム制御　　池田　雅夫／藤崎　泰正　共著　188　2520円
12. (8回)　システム制御のための安定論　　井村　順一著　250　3360円
13. (5回)　スペースクラフトの制御　　木田　隆著　192　2520円
14. (9回)　プロセス制御システム　　大嶋　正裕著　206　2730円
16. (11回)　むだ時間・分布定数系の制御　　阿部　直人／児島　晃　共著　204　2730円
17. (13回)　システム動力学と振動制御　　野波　健蔵著　208　2940円
18. (14回)　非線形最適制御入門　　大塚　敏之著　232　3150円
19. (15回)　線形システム解析　　汐月　哲夫著　240　3150円

以下続刊

6. システム制御工学演習　　梶原・杉江共著
8. システム制御のための数学(2)
　　－関数解析編－　　太田　快人著
10. ロバスト制御の理論　　浅井　徹著
11. ロバスト制御の実際　　平田　光男著
　　行列不等式アプローチによる制御系設計　　小原　敦美著
　　適応制御　　宮里　義彦著
　　システム制御のための最適化理論　　延山・瀬部共著／東・永原編著
　　ネットワーク化制御システム　　石井　秀明著
　　マルチエージェントシステムの制御　　石井・桜間・畑中共著／早川・林
　　ハイブリッドダイナミカルシステムの制御　　井村・増淵・東共著

定価は本体価格+税5％です。
定価は変更されることがありますのでご了承下さい。

図書目録進呈◆